金属材料检测技术

主编　李晓瑜

东北大学出版社
·沈 阳·

Ⓒ 李晓瑜　2023

图书在版编目（CIP）数据

金属材料检测技术 / 李晓瑜主编. — 沈阳：东北
大学出版社，2023.11
　　ISBN 978-7-5517-3448-6

　　Ⅰ．①金… Ⅱ．①李… Ⅲ．①金属材料—检测—教材
Ⅳ．①TG14

中国国家版本馆CIP数据核字（2023）第232185号

出 版 者：东北大学出版社
　　　　　　地址：沈阳市和平区文化路三号巷11号
　　　　　　邮编：110819
　　　　　　电话：024-83687331（市场部）　83680267（社务部）
　　　　　　传真：024-83680180（市场部）　83687332（社务部）
　　　　　　网址：http://www.neupress.com
　　　　　　E-mail:neuph@neupress.com
印 刷 者：沈阳市第二市政建设工程公司印刷厂
发 行 者：东北大学出版社
幅面尺寸：170 mm × 240 mm
印　　张：8
字　　数：144 千字
出版时间：2023 年 11 月第 1 版
印刷时间：2023 年 11 月第 1 次印刷
策划编辑：杨世剑
责任编辑：王　旭
责任校对：周　朦
封面设计：潘正一

ISBN 978-7-5517-3448-6　　　　　　　　　定　价：42.00元

前　言

如今，金属材料的发展已不仅是纯金属、纯合金的发展。随着材料设计和工艺技术的不断进步，传统金属材料得到了迅速发展，新型高性能合金材料也不断被开发出来。因此，当人们对金属材料的研究不断地从宏观到微观，甚至到更深层次的微观发展时，对于相应的性能检测手段和微观分析方法也提出了更高的要求。

本书以金属材料为研究对象，以金属材料的力学性能检测和微区分析为切入点，介绍了金属材料检测技术方面的基础知识，以及与其相关的设备（如电子万能材料试验机、差示扫描量热仪、金相显微镜、扫描电子显微镜、电子探针等）的工作原理、结构特点、操作使用流程及注意事项，同时详细分析了每台设备对应样品的制备技术。在此基础上，本书还介绍了透射样品制备的技术之一——离子减薄仪的制样流程、设备使用方法和参数选择等。最后以东北大学材料电磁过程研究教育部重点实验室为例，结合实验室的研究内容与特点，总结整理了实验室的安全与管理建设等内容。

通过本书的学习，有助于材料冶金专业学生了解金属材料检测技术方面的基础知识，同时对相应的检测设备的制样要求、设备的原理及操作流程等内容能有更深刻的认识，协助学生更好地开展各项实验，达到理论与实践相结合的目的。

在本书撰写过程中，编者借者和学习了大量著作及部分学者的论文等资料，在此表示真挚的感谢。由于编者的水平和撰写书稿的时间有限，本书中难免存在遗漏和不当之处，敬请广大读者批评指正。

编　者

2023 年 7 月

目　录

第1章　电子万能材料试验机

1.1　简介

材料的性能包括物理性能、化学性能、工艺性能和力学性能，其中最重要的是力学性能。力学性能指标主要通过试验获得。通过材料力学试验，可以确定材料在各种载荷条件下的行为，为工程设计提供依据；可以进行材质的比较与检验；可以结合力学行为与金属内部状态的研究，掌握力学性质变化的基本原理和各种影响因素的本质，为改善和提高材料性能提供指导；可以研究金属内部的变化过程。材料力学试验可以解决材料力学理论与其他力学理论无法解决的一些工程难题，因此力学试验至今仍是研究新材料的重要手段；而电子万能材料试验机作为进行力学试验的重要媒介，其发展水平对于整个材料学科的发展有着重要的促进作用。

1638年，著名物理学家伽利略用施加净重的方法测量木头、金属的弯曲强度，这是有文献记录以来人类第一次用严谨的试验方法计算材料的力学性能；1729年，第一台材料试验机问世，它根据杠杆原理制作而成，形状像一台大秤；1856年，第一台高温力学性能测试装置出现；1880年，杠杆重锤式材料试验机问世，它利用砝码加载的形式进行工作；1908年，由螺母、螺杆加载的万能试验机问世，它是现在电子万能试验机的雏形；1943年，英斯特朗研制出第一台位移闭环控制电子万能材料试验机；20世纪50年代，电子式材料试验机出现，它引入了电子技术，使得试验机的发展迈出了重大的一步；20世纪60年代，随着材料、工艺、技术的发展和应用，人们对材料试验和设备都有了更高的要求，如要求其能够进行等速加载、等速变形等新的试验方法，而机械式、液压式万能试验机无法实现这些操作。电子技术的发展为该问题的解决提供了方案，人们应用电子技术研制出电子万能试验机这一新型材料试验机。

目前，国外几个工业发达国家生产的电子万能试验机已形成系列，并且随着不断地引入新技术而持续更新。这些试验机通过负荷测量、变形测量、速度控制、斜坡函数发生器及机械传动系统构成了闭环系统，从而达到人们所预想的试验要求。尤其是将各种功能附件及微型计算机引入电子万能试验机后，不仅大大增强了试验机的试验功能，而且提高了其工作的可靠性和测试精度。比较有代表性的产品是英国英斯特朗公司生产的 3400 系列、6800 系列和日本岛津制作所生产的 DSS 系列、AG-A 系列电子万能试验机等。

现在，世界正在朝着智能化方向发展，机器人、人工智能方兴未艾，全自动材料试验系统已成为未来行业发展的趋势。该系统以电子万能试验机为中心，配套全自动环境试验箱、全自动引伸计、机械人、液压夹具等辅助设施。在全自动材料试验系统中，待检试样被分类放入试样架。从装好试样开始，试验就可以自动开始进行了，直到需要对碎样品进行分类检查。负责日常测试工作的实验人员不用监管测试，系统测试状态就可以实时传输到移动终端（如平板电脑等）上。实验人员通过程序对试验进行全面的过程控制，过程的可视化可以减少系统闲置时间，提升全自动材料试验系统的测试效率。当然，全自动材料试验系统也允许在需要时进行人工试验操作。

试验机系统本质上是机械仿真系统，它通过模仿试验样件在实际应用中的工况进行强度或性能试验。如图 1.1 所示，按照试验对象，可将其分为材料试验机和结构试验机两大类；按照试验物理性能要求和方法，可将其分为静态强度试验机和动态疲劳试验机；按照加载方式和控制方式，可将其分为机械式试验机、液压式试验机和微机控制式试验机三类。

材料试验机主要适用于金属、非金属、复合材料及制品的拉伸、压缩、弯曲、剪切、剥离、撕裂等物理性能试验，这些标准是在一定的试验标准下完成的。长期以来，材料试验机作为重要的一类科学仪器，被广泛地应用于冶金、建筑、航天、航空、机械、交通、国防军工、水利、电力、石油、化工、轻工、纺织等行业的国家重点实验室、工业实验室、计量室、质检机构和制造业的生产线及各类工程现场。科研院所、大专院校、质检计量机构、各类企业构成了试验机的用户群。结构试验机一般用于从飞机、车辆到建筑等的结构件，如零部件、组件及整机的性能。结构试验可以依据行业标准，但更多的是通过模拟结构件的实际受载工况进行强度、耐久性或其他性能试验。

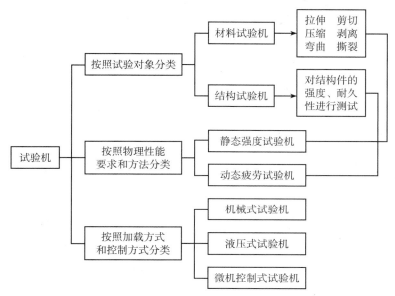

图 1.1　试验机的分类框图

静态强度试验机主要用于获取或确认材料或结构的弹塑性强度。动态疲劳试验机采用机械力学模拟系统，用于模拟从材料、零部件、结构件到整机（如飞机、车辆、舰船等），再到人工心脏瓣膜、人工关节等方面，让其在受载和环境（如高低温、盐雾、紫外线等）下进行试验，从而获取或确认材料、结构件或整机的耐久性疲劳强度或性能，以验证其是否达到设计要求。

除此之外，试验机还可以按照加载方式与控制方式分为机械式加载试验机、液压式加载试验机和微机控制的电控试验机。不论哪种类型的试验机，都具有高精高效、低噪声、快速响应等特点，因此被广泛地应用于材料力学性能研究中。

1.2　电子万能材料试验机的系统构成与工作原理

电子万能材料试验机是一种充分发挥现代电子技术和机械传动技术特点的大型精密测试仪器，其典型结构如图 1.2 所示。由图 1.2 可知，电子万能材料试验机主要由测量系统、中横梁驱动系统、控制系统及电脑组成。

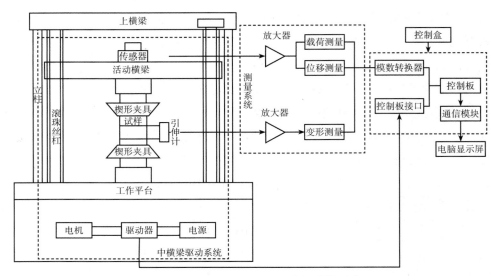

图1.2　电子万能材料试验机的典型结构示意图

（1）测量系统主要用来检测试样承受负荷的大小、试样形变量的大小及中横梁位移多少等，具有测量范围宽、精度高、响应快、操作方便等特点。

测量系统主要通过应变式负荷传感器、放大器及其数据处理系统来检测试样承受负荷的大小。应变式负荷传感器主要由应变片、弹性元件和某些附件（补偿元件、防护罩、接线插座、加载件）组成，它是能将某种机械量变成电量输出的器件。由材料力学相关知识得知，在小变形条件下，一个弹性元件某一点的应变（ε）既与弹性元件所受的力成正比，也与弹性的变形成正比。以S型传感器为例，当传感器受到拉力（P）的作用时，由于弹性元件表面粘贴有应变片，而且弹性元件的应变与拉力的大小成正比，所以将应变片接入测量电路，通过对测量电路的输出电压进行放大和A/D转换，再进行相应的数据处理，即可完成对试样承受负荷大小的测量。各种不同容量的传感器既可以进行拉伸试验，也可以进行压缩试验。

测量系统主要通过形变测量装置完成对试样形变量的测量。形变测量装置上有两个夹头，经过一系列传动机构与装在测量装置顶部的光电编码器连在一起，当两个夹头间的距离发生变化时，带动光电编码器的轴旋转，光电编码器就会有脉冲信号输出。然后由处理器对此信号进行处理，就可以得出试样的变形量。用相同的原理可以完成对中横梁位移大小的测量。

（2）中横梁驱动系统主要由速度设定单元、伺服放大器、功率放大器、速度与位置检测器、直流伺服电机及传动机构组成。该部分主要通过直流伺服电机驱动主齿轮箱，带动丝杠使中横梁上下移动，从而实现了拉伸、压缩和各种循环试验。其中，速度设定单元主要是给出与速度相对应的准确模拟电压值或数字量，要求精度高、稳定可靠，并且范围要宽。伺服放大器的作用实际上是将速度给定信号、速度检测信号、位置检测信号及功率放大器的电流大小汇总在一起，按照要求运算后，发出指令驱动功率放大器，进而使直流伺服电机按照预先给定的速度转动。这一伺服控制系统有三个环路，即通常说的速度、位置、电流反馈。尤其是采用类似光电编码器的解析器作为检测元件的位置反馈系统，成为速度控制精度高的基本保证。

（3）控制系统即控制试验机运作的系统，通过控制台完成对各项试验参数的设定，同时通过电脑采集各类试验数据，实时画出试验曲线，并对数据进行分析处理，最后完成对试验结果的打印。试验机同电脑之间的通信一般采用比较成熟可靠的RS232串行通信方式，它通过计算机背后的串口进行通信。

通过上述分析及结合图1.2，可以总结出电子万能材料试验机的硬件结构组成和工作原理。

（1）系统的硬件组成有万能材料试验机机械本体、伺服控制器及电机，其他附件有负荷传感器、变形传感器、负荷变形放大器、编码器、模数转换器、打印机、绘图仪等。

（2）机械本体主要用来给试样施加载荷，应变式负荷变形传感器固定在机械本体的上夹头上，以测量加在试样上的负荷。

（3）变形传感器为应变式单向引伸计，试验时，引伸计直接卡在试样上，用以测量试样的变形。当给试样加载时，力传感器和引伸计分别把力和变形转化为电压信号，输入到力、变形电压信号放大器，放大器输出经过信号调理、模数转换后，通过测控卡送入计算机，再经过比例换算等处理，得到力和变形量值，同时绘出力-变形等特征曲线。

（4）测控卡输出控制信号给驱动器，控制电机运行，从而驱动执行机构运动。试样拉断之后，系统软件按照预先设定的计算项目进行数据处理。

（5）试验结果可以用表格或曲线的形式，经打印机或绘图仪输出。

东北大学材料电磁过程研究教育部重点实验室（以下简称EPM实验室）现有一台日本岛津AG-X100KN电子万能材料试验机，承担实验室日常拉伸、压缩、弯曲、剪切等试验，同时配有高温炉，可以完成高温情况下的拉伸试验。AG-X100KN电子万能材料试验机的结构如图1.3所示。后文中对于试验机的实验示例分析都是基于该型号试验机完成的。

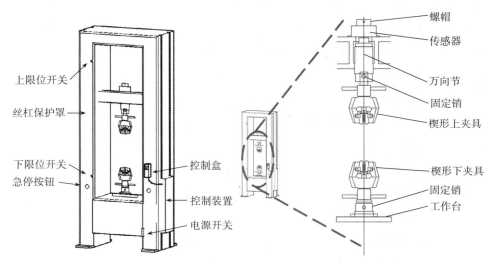

图1.3　AG-X100KN电子万能材料试验机结构图

1.3　电子万能材料试验机的试验分析示例

下面将基于EPM实验室中的AG-X100KN电子万能材料试验机，详细地分析金属材料的拉伸试验过程。

1.3.1　拉伸试验的原理

拉伸试验，又称抗拉试验，是通过夹持均匀横截面样品两端，用拉伸力将试样沿轴向拉伸，一般拉至断裂为止，通过记录的力-位移曲线测定材料的基本拉伸力学性能。利用拉伸试验得到的数据，可以确定材料的弹性极限、伸长率、弹性模量、比例极限、面积缩减量、拉伸强度、屈服点、屈服强度和其他拉伸性能指标。拉伸试验可以用来检验材料是否符合规定的标准和研究材料的性能。典型的低碳钢（碳的质量分数小于0.25%）应力应变曲线如图1.4所示。

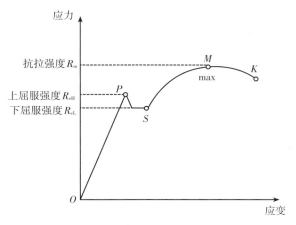

图1.4　低碳钢应力应变曲线图

从图1.4中可以看出，低碳钢的拉伸阶段主要分为弹性阶段 OP、屈服阶段 PS、强化阶段 SM、颈缩阶段 MK。OP 部分呈直线，该阶段应力与应变成正比，其比值为弹性模量。在 P 点之前，卸载后试样可以恢复原样；超过 P 点后，即进入塑性阶段，卸载后存在不可恢复的变形。在屈服阶段，即 PS 阶段，应力基本不变，但应变会逐渐增大，且在曲线中存在上屈服点和下屈服点，分别对应上屈服强度 R_{eH} 和下屈服强度 R_{eL}。过 S 点继续增加载荷到拉断前的最大载荷 M 点，此时的载荷除以原始截面积即强度极限 R_m。超过 M 点后，试样会突然出现颈缩现象，截面面积变小，因此需要的拉力逐渐变小，曲线开始下降，至 K 点试样断裂。

但并非所有材料的应力应变曲线都符合上述四个阶段。例如，当拉伸脆性材料时（断裂时伸长率小于5%），就没有明显的屈服和强化阶段，铸铁便是典型的脆性材料。对于无明显屈服现象出现的金属材料，规定以产生0.2%残余变形的应力值作为其屈服极限，也称条件屈服极限或屈服强度。

1.3.2　拉伸试验的操作流程

AG-X100KN 的配套软件为 TRAPEZIUM X，在进行常温拉伸试验时，具体操作步骤及相关注意事项如下。

第一步，根据试验要求连接所需要使用的引伸计（无要求则不连接）。

第二步，依次打开总开关、变压器开关、主机开关及电脑开关。注意，打开开关后，禁止马上关闭，要有1 min左右的间隔；关机后，也不允许立即打开。

第三步，主机开机后预热 15 min，按彩屏上的 E-CAL 键进行载荷电器校准，在此过程中，禁止触碰传感器及夹具。

第四步，在电脑中双击打开试验软件，通信正常后，在软件中显示载荷及行程值。

第五步，点击图 1.5 所示"创建新方法"按钮，进入试验方法界面。

图 1.5　点击"创建新方法"按钮

第六步，在"单位"栏目中选择单位，载荷单位为 kN，如图 1.6 所示。

图 1.6　在"单位"栏目中选择单位

第七步，点击"下一步"按钮，进入传感器设定界面。

第八步，点击左侧的"引伸计"按钮，进入引伸计设定界面，如图 1.7 所示。通道选择"内部放大器1"，满刻度、标距根据实际数值填写，限位为"0.4 mm"，同时将暂停打上"✓"（熟练后可不选暂停）。

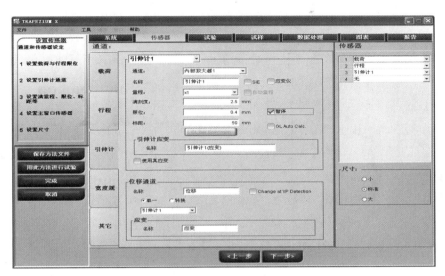

图1.7　引伸计设定界面

第九步，点击"下一步"按钮，进入试验条件设置界面，如图1.8所示。

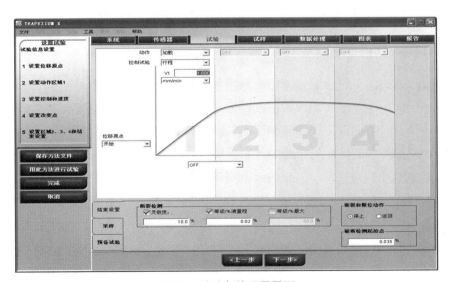

图1.8　试验条件设置界面

第十步，速度V1根据技术要求填写数值。

第十一步，点击"下一步"按钮，进入试样设置界面，根据试样实际信息填写相应数值，如图1.9所示。

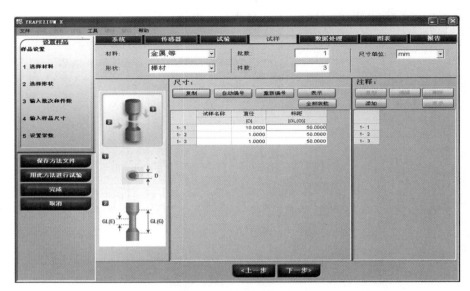

图1.9　试样设置界面

第十二步，点击"下一步"按钮，进入数据处理项目界面，如图1.10所示。

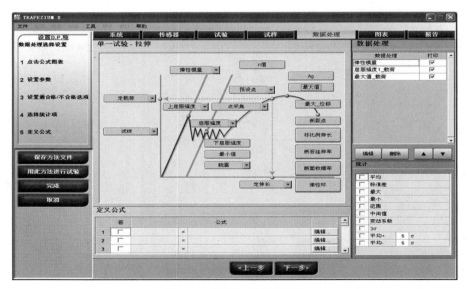

图1.10　数据处理项目界面

第十三步，选择弹性模量、屈服强度、最大值等项目。

第十四步，点击"下一步"按钮，进入图表设定界面，如图1.11所示。

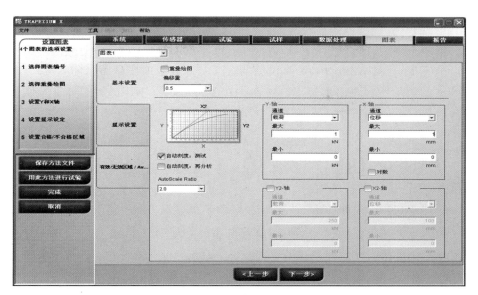

图1.11 图表设定界面

第十五步，将X轴及Y轴数值均设为1。

第十六步，点击"下一步"按钮，进入报告设定界面，如图1.12所示。

图1.12 报告设定界面

第十七步，设置报告标题等项目，若不打印数据，则可不设置。

第十八步，点击左侧"保存方法文件"按钮，保存试验方法。

第十九步，点击"用此方法进行试验"按钮，进入试验界面。

第二十步，分别安装样品和引伸计，并拔掉引伸计的定位销。

第二十一步，在进行第一次试验前，在引伸计数值栏点击鼠标右键，在出现的小菜单中选择点击"校准"按钮。在此过程中，不用碰触引伸计及试样，进行后续试验时，只需选择点击"调零"。

第二十二步，点击菜单栏的"开始试验"按钮，弹出确认对话框，界面上显示"试验前请检查限位开关和紧急停止开关的位置"，确认好后，再点击"开始试验"按钮进行试验。

第二十三步，引伸计达到限位后，数值不再显示，此时将引伸计取下放好。

第二十四步，试验停止后，将样品卸下，重复第二十步。

第二十五步，所有样品都做完试验后，点击"保存"按钮，保存试验结果。

第二十六步，关闭软件、电脑及试验机，拆除引伸计并保存好。

第二十七步，关闭变压器开关及总开关。

1.3.3 拉伸结果分析

图1.13为AZ31镁合金棒材的拉伸曲线图。从其拉伸曲线图中可以看出，AZ31镁合金没有明显的屈服过程，如果取产生0.2%残余变形的应力值作为其屈服强度，可以看出AZ31镁合金的屈服强度为220.8 MPa，抗拉强度为307.9 MPa。与锻造镁合金相比，AZ31镁合金强度较高，塑性较好，因此被广泛应用于汽车零件、机壳和通信设备等方面。

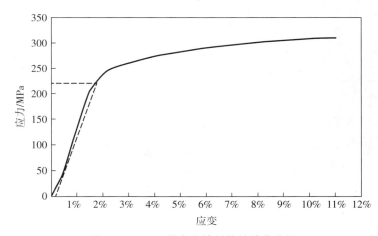

图1.13 AZ31镁合金棒材的拉伸曲线图

1.3.4 其他试验

1.3.4.1 压缩试验

如果要进行压缩试验，那么在试验初始，应将拉伸夹具［见图1.14（a）］更换为压盘，压盘形状如图1.14（b）所示。同时在软件中将试验类型选择为"压缩"，后续设置与"拉伸"相同。压缩试验主要用来测定材料在轴向静压力作用下的力学性能，如可以测定材料在室温下单向压缩的屈服点和脆性材料的抗压强度等。压缩试样通常为柱状，横截面形状有圆形和方形两种。试样受压时，两端面与试验机压头间的摩擦力会约束试样的横向变形，且试样越短，影响越大；但试样太长，容易产生纵向弯曲而失稳。

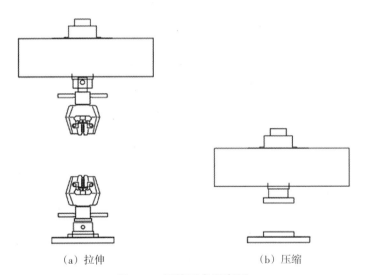

（a）拉伸 （b）压缩

图1.14 更换压盘示意图

1.3.4.2 弯曲试验

将拉伸夹具［见图1.15（a）］更换为弯曲夹具，即可进行三点弯曲试验，更换弯曲夹具如图1.15（b）所示。在软件中将试验类型选择为"弯曲"，同时设置好速度和样品参数等，即可开始试验。弯曲试验主要用来检验材料在受弯曲载荷作用下的性能，可以测定脆性和低塑性材料（如铸铁、高碳钢、工具钢等）的抗弯强度，并能反映塑性指标的挠度，也可以检查材料的表面质量。弯曲试验试样的横截面形状可以为圆形、方形、矩形和多边形，可以通过锯、铣、刨等加工方法进行截取，试样受试部位不允许有任何压痕和伤痕，棱边必须锉圆，其半径不应大于试样厚度的1/10。

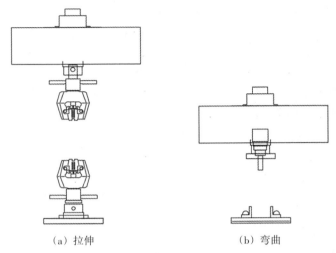

（a）拉伸　　　　　　　（b）弯曲

图1.15　更换弯曲夹具示意图

1.3.4.3　剪切试验

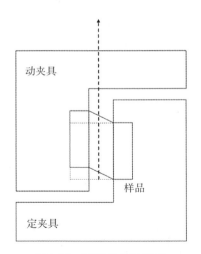

图1.16　剪切夹具示意图

剪切试验主要用于测试材料的剪切强度，即测定试样被剪切破坏时的最大错动力，一般可以分为单剪试验、双剪试验、冲孔试验、开缝剪切试验和复合钢板剪切试验等。用AG-X100KN电子万能材料试验机进行剪切试验时，通常为单剪试验。将试样放入剪切夹具中进行剪切，直至试样被剪断。通过测定剪切试验过程的最大试验力，再除以试样原始横截面积，即可计算出试样的剪切强度。剪切夹具示意图如图1.16所示。试样被剪断后，若发生弯曲、断口，出现楔形、椭圆形等剪切截面，则试验结果无效，应重做剪切试验。

1.3.4.4　高温拉伸试验

除了上述实验，AG-X100KN电子万能材料试验机还配备有高温炉，可以进行1000 ℃以下的高温拉伸试验。与常温拉伸试验不同的是，金属材料在进行高温拉伸试验时，其拉伸速度对拉伸性能的影响显著，因此在做高温拉伸试验时，必须将试样的拉伸速度控制在规定范围内。高温拉伸试验所测定的性能指标与常温拉伸试验所测定的性能指标基本相同，主要有抗拉强度、屈服强度、断后伸长率和断面收缩率等。

在试验具体操作方面，进行高温拉伸试验时，除了需要正常设定试样参数、引伸计限位、拉伸速度及相关的数据处理项目，还需要注意以下三点：① 将夹具更换为高温拉伸夹具，同时接入水冷装置；② 将高温炉打开并拉至样品位置时，要根据高温炉高度调整引伸计的安装位置，要求将高温炉关闭后石棉绳不触碰炉壁；③ 在安装和卸载试样时，要做好防护工作，防止烫伤。

1.4 电子万能材料试验机的保养与维护

电子万能材料试验机作为一种精密检测设备，专门用来进行科学研究及实践教学等工作，因此，在电子万能材料试验机正常运作过程中，需要注重日常的维护和保养。电子万能材料试验机的保养与维护主要分为主机保养和控制系统保养两个方面。

1.4.1 电子万能材料试验机的主机保养

（1）定期检查电子万能材料试验机钳口部位的螺钉，如有松动，要及时拧紧。

（2）电子万能材料试验机所配的夹具应涂上防锈油保管。

（3）镶钢板与衬板接触的滑动面要定期涂一层润滑脂。

（4）定期检查链轮的传动情况，如有松动，要将张紧轮重新张紧。

（5）在没有安装夹具时，要对台面的加工面、十字头顶面与底面进行擦除灰尘及涂防锈剂工作。

（6）用柔软的布擦拭机架表面。

（7）使用注油枪定期对电子万能材料试验机两侧丝杠的油嘴进行注油。

（8）由于电子万能材料试验机的钳口使用频率高，容易磨损，因此最好每次做完试验后，对其进行清扫。

1.4.2　电子万能材料试验机的控制系统保养

（1）定期检查电子万能材料试验机控制器后面板的连接线是否接触良好，如有松动，应及时紧固。

（2）试验后，若有一段较长的时间不使用机器，应关闭电子万能材料试验机的控制器和电脑。

（3）电子万能材料试验机控制器上的接口应一一对应，插错接口可能对设备造成损坏。

（4）插拔控制器上的接口时，必须关闭控制器电源。

（5）每次试验结束后，要用软布蘸中性清洁剂擦拭操作键与控制器。

1.5　小结

本章介绍了电子万能材料试验机的分类及系统构成，并对其能进行的拉伸、压缩、弯曲和剪切试验的原理进行了重点分析。通过学习本章内容，学生可以熟练掌握电子万能材料试验机的使用方法及注意事项，并对试样在拉伸过程中每个阶段的形变有直观的认识，对今后进一步研究材料力学性能有很好的促进作用。

第2章　差示扫描量热仪

2.1　热分析的发展背景

热分析早期被定义为在程控试样温度下监测试样性能与时间或温度关系的一组技术。直至2004年，国际热分析和量热协会（International Confederation for Thermal Analysis and Calorimetry，ICTAC）对其提出了新的定义：热分析是研究样品性质与温度间关系的一类技术。我国实施的《热分析术语》（GB/T 6425—2008）中对热分析技术的定义是在程序控制温度下（和一定气氛中），测量物质的物理性质与温度或时间关系的一类技术。

关于热分析的研究，可以追溯到18世纪后期。1786年，Edgwood在研究黏土时，首先发现热失重这一热分析现象。直到1887年，Le Chatelier使用热电偶测量温度的方法对试样进行升降温来研究黏土类矿物的热性能，才完成最早的热分析实验。1899年，Roberts Austen将两个不同的热电偶反向连接，从而测量试样与参比物之间的温差，他因此被认为是差热分析的发明者。1915年，Honda首次提出连续测量试样质量变化的热重分析；同年，日本人本多光太郎发明了第一台热天平。直至19世纪40年代，商品化的差热分析仪和热天平才开始进入人们的视野。

在1955年之前，人们都是把热电偶直接插到试样和参比物中进行差热分析实验的，这种方法使热电偶很容易被污染。1955年，Boersma提出在坩埚里放置试样和参比物、坩埚外放置热敏电阻的改进办法。直至今天，差热分析仪都是采用这种办法进行分析的。

20世纪80年代末，热分析数据台被研制出来，该设备引入了新的自动测量和自动处理热分析数据的功能。随着半导体技术和计算机技术的发展，热分析数据台在自动记录、温度控制和数据处理等方面有了进一步提升，推动热分析技术朝更高、更深的方向发展。经过200多年的不断探索，热分析技术的应用也从最初的黏土、矿物和金属等方面逐渐扩展到化工、冶金、地质、高分子、食品、生物学等各个领域。

2.2 热分析的分类

热分析的本质是针对材料进行温度分析。热分析技术是指在程序温度控制下测量材料随温度变化的物理性质，从而表征材料的热性能、物理性质、机械性质及热稳定性等，它是研究材料性能的重要分析手段之一。常见的热分析方法包括差热分析（differential thermal analysis，DTA）、热差示扫描分析（differential scanning calorimetry，DSC）、热重分析（thermogravimetric analysis，TGA）、静态热机械分析（thermomechanical analysis，TMA）、动态热机械分析（dynamic mechanical analysis，DMA）等。

2.2.1 差热分析

差热分析是一种利用试样和参比物之间的温差与温度或时间的关系来评价试样热效应的分析技术。在实验过程中，试样与参比物须处于控制加热或冷却速率相同的环境中。DTA仪器通常由加热-冷却系统、温度控制器、信号放大器、气氛控制系统和数据处理系统等构成，其原理图如图2.1所示。在DTA分析中，当试样与参比物获得同等的热量时，由于二者对热的性质不同，导致它们的升温情况也不一样。因此，可以通过测量二者的温度差来达到分析试样性质的目的。一般而言，DTA曲线是以参比物与试样间的温度差为纵坐标、温度为横坐标绘制的。然而，在实际测量中，当试样产生热效应时，其升温速率是非线性的，还会与参比物和环境发生一定的热交换，从而降

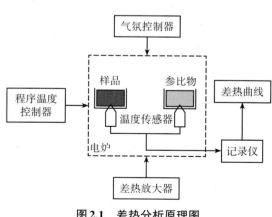

图2.1 差热分析原理图

低测量的精确度。因此，目前市面上很少有单独的DTA仪器，而应用较为广泛的便是热差示扫描分析。

2.2.2　热差示扫描分析

热差示扫描分析是在DTA的基础上发展起来的一项热分析技术。DSC是指在程序控温下，测量输入到试样和参比物的热流速率与温度的关系。进行热差示扫描分析的仪器称为差示扫描量热仪，该设备记录到的曲线为DSC曲线，通常以温度或时间为横坐标、吸热或放热的速率为纵坐标。通过DSC测试，可以得到试样热力学和动力学的相关参数。DSC与DTA的最大区别是DTA只能对试样进行定性或半定量分析，而DSC的结果可用于定量分析。差示扫描量热仪的工作原理、设备系统构成等内容将在2.3，2.4节进行详细的阐述。

2.2.3　热重分析

热重分析是在一定程序控温和气氛下，测量试样质量与温度和时间之间关系的分析技术，它可以获得样品质量随温度变化的函数。热重分析仪便是一种利用热重分析来检测物质温度和质量变化关系的仪器。通过热重分析仪，可以得到热重曲线（TG曲线），该曲线以质量为纵坐标，从上至下表示质量减少；以温度（或时间）为横坐标，从左至右表示温度（或时间）增加。当被测试样在加热过程中出现升华、汽化等现象时，其质量便会随之发生变化，这时TG曲线就会下降。通过分析TG曲线，即可了解被测试样在多少度时质量发生了变化，从而计算出被测试样失去物质的多少。

2.2.4　静态热机械分析

静态热机械分析是指在程序控温和加载静态载荷下，采用拉或压的方法测量样品形变对温度变化情况的分析技术。完成静态热机械分析的仪器称为TMA仪器。它主要由环境炉、热电偶、夹具、电机和位移测量器等部件构成。TMA仪器的测试加载模式主要分为拉伸、压缩、弯曲和剪切四种，每种模式都有对应的夹具。拉伸模式主要用于测试薄膜和纤维样品的拉伸性能；压缩模式主要用来测定试样的膨胀系数、玻璃转化温度和熔点等；弯曲模式用来测试试样的抗弯强度、弯曲模量等弯曲性能；剪切模式用来测试试样的剪切模量。

2.2.5 动态热机械分析

动态热机械分析是指在程序控温和周期性变化载荷下，测量动态模量和力学损耗与时间或温度关系的一项技术。通过DMA测试，可以精确测定材料的黏弹性、杨氏模量和剪切模量等。根据DMA仪器构造的不同，可以将其分为应力控制型和应变控制型两类。应力控制型施加的刺激是应力，测量的响应为应变；后者则刚好相反。DMA仪器的测试模式主要有应力或应变振幅扫描、频率扫描、时间扫描、温度斜坡和应力松弛等。

2.3 差示扫描量热仪的工作原理

当物质的物理性质发生变化或发生化学反应时，该物质的热力学性质（如热焓、比热容等）都会随之而改变。DSC便是通过测定试样热力学性质的变化来表征其物理或化学变化过程的分析技术。DSC仪器根据所用测量方法的不同，可以分为两种类型：一是热流型，典型代表有美国TA公司生产的Q系列；二是功率补偿型，典型代表有美国珀金埃尔默股份有限公司生产的DSCn系列等。

2.3.1 热流型DSC的工作原理

热流型DSC的工作原理和DTA的工作原理类似，即在保证样品和参比物具有相同功率的情况下，测定样品和参比物两端的温差，根据热流方程，将其换算成热量差输出。所不同的是，在DSC实验中，将试样和参比物的托架下放置电热片，通过电热片向试样和参比物传递热量，使其受热均匀。热流型DSC的工作原理图如图2.2所示。热流型DSC的等效热路图如图2.3所示。

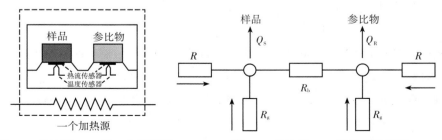

图2.2 热流型DSC的工作原理图　　　**图2.3 热流型DSC的等效热路图**

根据基尔霍夫定律，可以得出如下等式：

$$\frac{T-T_S}{R} + \frac{T-T_S}{R_g} + \frac{T_R-T_S}{R_b} = Q_S \tag{2.1}$$

$$\frac{T-T_R}{R} + \frac{T-T_R}{R_g} + \frac{T_S-T_R}{R_b} = Q_R \tag{2.2}$$

式（2.1）和式（2.2）中，T 为炉温，T_S 为试样的温度，T_R 为参比物的温度，Q_S 为试样的热流，Q_R 为参比物的热流，R 为试样和参比物的臂热阻，R_b 为试样盘和参比物盘之间的热阻，R_g 为试样盘和参比物盘与传感器之间的热阻。结合式（2.1）和式（2.2），可以得出：

$$\Delta T = T_R - T_S = \frac{Q_S - Q_R}{\dfrac{1}{R} + \dfrac{1}{R_g} + \dfrac{2}{R_b}} \tag{2.3}$$

从式（2.3）可以看出，试样和参比物的温度差（ΔT）与二者的热流差成正比。因此，通过适当的方法，可利用试样和参比物的温度差来推算出二者的热流差。

2.3.2 功率补偿型DSC的工作原理

功率补偿型 DSC 主要用于在程序控温和一定气氛，以及保证试样和参比物的温差不变的前提下，测量输给样品和参比物功率（热流）与温度或时间的关系。功率补偿型 DSC 的工作原理图如图 2.4 所示。从图 2.4 可以看出，功率补偿型 DSC 有以下主要特点：① 分别用两个独立的加热装置和传感装置来测量和控制试样和参比物的温度并使之相等。② 整个仪器由两个控制电路进行控制：一个控制温度，使试样和参比物按照条件升温或降温；另一个用于补偿试样和参比物之间所产生的温差。③ 试样和参比物之间的温差是由试样的吸热或放热效应产生的，可以通过功率补偿使二者的温度保持相等。

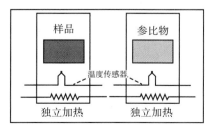

图2.4 功率补偿型DSC的工作原理图

通过上述分析可以看出，功率补偿型 DSC 可以通过测量两个加热装置的输入功率之差来反映试样热焓的变化，即满足如下公式：

$$\Delta W = \frac{\mathrm{d}Q_{\mathrm{S}}}{\mathrm{d}t} - \frac{\mathrm{d}Q_{\mathrm{R}}}{\mathrm{d}t} = \frac{\mathrm{d}H}{\mathrm{d}t} \tag{2.4}$$

式中，ΔW 为维持试样和参比物处于相同温度所需要的能量差，Q_{S} 为试样的热量，Q_{R} 为参比物的热量，$\dfrac{\mathrm{d}H}{\mathrm{d}t}$ 为试样热焓的变化率。

2.3.3　DSC 的曲线分析

在进行 DSC 测试时，试样会在一定的速率下进行升温或降温，在这两个过程中，会发生物理或化学变化而产生热效应，在差热曲线上便会出现吸热峰或放热峰。当试样发生力学状态变化时，虽然没有吸热或放热现象，但是比热容会发生突变，表现在曲线上便是基线的突然变动。典型的 DSC 曲线图如图 2.5 所示。

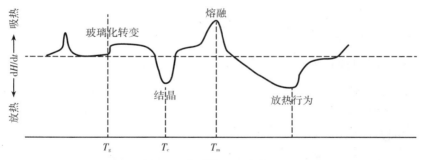

图 2.5　典型的 DSC 曲线图

从图 2.5 可以概括出 DSC 测量试样吸热和放热与温度或时间的关系。

（1）吸热：指热流输入试样，即试样吸收外界热量，在曲线中表现为正值，用凸起的峰值来表征（热焓增加）。

（2）放热：指热流输出试样，即试样对外界放出热量，在曲线中表现为负值，用反向凸起的峰值来表征（热焓减少）。

根据图 2.5 还能了解到玻璃化转变温度（T_{g}）、结晶温度（T_{c}）和熔融温度（T_{m}）等信息。

（1）玻璃化转变温度指玻璃态转变为高弹态所对应的温度。玻璃化转变是非晶态高分子材料固有的性质。

（2）结晶温度指熔融的无定型材料在降温过程中转变为晶体材料的温度，表现为放热峰。需要说明的是，部分材料在升温过程中也可能出现结晶峰，这个过程叫作冷结晶。结晶峰可以用于降温结晶或等温结晶的研究。

（3）熔融温度指升温时材料由固体晶体向液体无定形态转变的温度，在图2.5中表现为吸热峰。利用熔融峰可以开展聚合物结晶度、纯度、晶型等方面的研究。

2.4　差示扫描量热仪的系统构成

DSC仪器一般由加热装置、制冷装置、温度程序控制系统、匀热炉膛、气氛控制器、热流传感器、温度传感器、信号放大器等构成。其结构如图2.6所示。

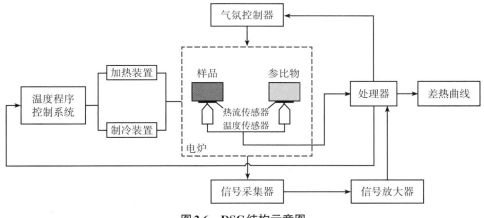

图2.6　DSC结构示意图

（1）加热装置用于给试样和参比物加热，一般采用电阻加热器，形式多样。

（2）制冷装置用于给试样和参比物降温，有风冷、机械制冷及液氮制冷三种方式，可根据实验的制冷速率及温度范围要求选用对应的制冷方式。

（3）温度程序控制系统用于对试样和参比物进行温度控制，主要包括实验过程中的起始温度、终止温度、变温速率及恒温温度和恒温时间等。

（4）匀热炉膛采用高导热系数的金属作为匀热块，其作用是使炉膛内表面温度分布均匀。

（5）气氛控制器用于气氛流量控制及气氛通道的切换。气体由两部分组成：一部分为反应气体，通常由空气或氧气作为氧化性气氛使用，由炉体底部进入，被加热至仪器温度后，再进入样品池；另一部分为保护气体，由于样品在试验过程中可能会放出腐蚀或有毒气体，且在高温条件下可能被空气氧化，故需要气氛来保护样品及排出样品生成的气体。

（6）热流传感器用于快速准确地检测试验中试样与参比物之间产生的热流差。

（7）温度传感器用于检测匀热块的温度，并将此信息返回处理器，用于炉温控制。

（8）信号放大器用于将热流传感器的信号及时放大，以便于之后的数据记录和处理。

2.5　差示扫描量热仪的制样要求

差示扫描量热仪的制样要求相对比较宽泛，除了气体，固态、液态或者黏稠状态的样品都可以用来测定，但对不同状态样品的要求略有差别。

针对块状样品，其直径应大于 3 mm、高不超过 2 mm；粉末样品的质量要控制在 10 mg 以内；薄膜样品的尺寸要尽可能小；液态样品不能超过坩埚体积的 1/3。对于所有样品，在测试前，都应满足如下要求。

（1）固态样品要保证绝对干燥。

（2）在 DSC 测试温度范围内，样品不能发生分解，测试前，应通过文献或热重技术来确认分解温度。

（3）样品在测试范围内与坩埚不发生反应，且无腐蚀性。

（4）样品应保证无污染、无杂质，且在制备、运输和存放时不会发生变质。

（5）样品量要按照要求制备。若样品量太小，分辨率提高，但 DSC 的灵敏度降低，则峰值偏低；若样品量太大，分辨率降低，但 DSC 的灵敏度提高，则峰值偏高。

（6）装样的原则是尽可能使样品均匀、密实地分布在坩埚底部，以提高传热效率，减少试样与器皿之间的热阻。因此，要把较大的样品剪成或切成薄片或小粒，并尽量铺平。试验时，一般使用的是铝皿，它由盖和皿两部分组成，样品放在二者中间，其由专用卷边压制器冲压而成。

2.6 差示扫描量热仪的操作流程及注意事项

2.6.1 差示扫描量热仪的操作流程

以 EPM 实验室的差示扫描量热仪——Q100 为例，总结出如下操作流程，可供参考。

2.6.1.1 仪器准备

（1）开机前，要确认所有外部附件连接正常。

（2）打开气压阀，将保护气体调节至建议的流动速率（50 mL/min）。

（3）打开仪器电源开关，待设备稳定后，打开计算机。

（4）打开仪器的机械制冷系统（refrigerated cooling system，RCS）。

（5）双击计算机桌面的"Q Series Explorer"，将文件中的"事件"打开，再点击"转至待机温度"。

（6）待"法兰温度"降至–30 ℃后（待机温度为 40 ℃），即可开始实验。

2.6.1.2 开始实验

（1）选择合适的坩埚，将样品用样品封压机密封。

（2）用手触摸显示屏上的"LID"，打开炉盖。将参比坩埚及装有样品的坩埚放置在相应的平台上（参比坩埚放置在炉子里侧的平台，样品坩埚放置在炉子外侧的平台），之后关闭炉盖。

（3）点击工具栏中的"实验视图"，在摘要、过程和注释页面分别进行如下操作。

① 摘要页面：输入数据文件名且选择好保存路径。

② 过程页面：设置所选定的实验测试条件。设置方法如下：编辑新的分段时，将需要的分段从分段列表拖至"方法内容说明"中；编辑现有分段的参数时，双击该分段，填入新参数即可；删除已有分段，直接选中该分段并按"删除"按钮即可。

③ 注释页面：可以填入操作员名称、坩埚类型、保护气体类型及流量等信息。

（4）正确输入上述信息并检查无误后，即可开始实验。

（5）若在实验过程中想终止实验，可点击窗口中的"停止"或触摸显示屏上的"STOP"按钮，即可结束实验并保存已产生的数据；也可点击窗口中的"拒绝"或触摸显示屏上的"REJECT"按钮，但此时产生的数据将被丢弃。

2.6.1.3　监视运行实验

（1）可在信息显示窗格查看实时信号值。

（2）可在运行分段窗格查看实验的进展情况。

（3）在仪器的触摸屏上也可以看到上述信息。

2.6.1.4　关机

（1）实验结束后关机，先将菜单"控制"中的"事件"关闭。

（2）待"法兰温度"升至室温（25～30 ℃），并基本稳定（以免炉内结霜）后，点击菜单"控制"中的"关闭仪器"，待小显示屏提示可关闭Q100时，方可关闭仪器的电源开关。

（3）关闭气瓶阀门。

2.6.2　差示扫描量热仪的使用注意事项

在进行DSC实验时，为了延长仪器使用寿命，并保证实验结果的稳定可靠，还需注意如下事项。

（1）在放置DSC样品时，切记不要把样品撒在坩埚边缘，以免污染传感器而使仪器受到损害；同时，坩埚的底部及所有外表面均不能黏附样品及杂质，以免影响实验结果。

（2）虽然仪器在出厂前和安装调试时均已做了精确标定，但在使用一段时间后，都会出现一定量的偏差，因此需要对仪器做相应的校正。可以利用国际热分析联合会（ICTA）规定的99.999%的标样对仪器和计算机做出校正。

（3）实验中样品量的多少要根据实验类型和实验目的共同确定，在满足各类要求的情况下，应尽可能减少样品量。

（4）参比物的热容量和导热率要与样品相匹配。

2.6.3　差示扫描量热仪实验结果的影响因素

在学习了如何正确操作差示扫描量热仪及其制样要求后，还应充分了解影响实验结果的相关因素，这样才能使最后的实验结果更加稳定可靠和接近事实。影响 DSC 实验结果的因素大致有以下几点：实验条件中升温速率的设定、样品量的选择、灵敏度和分辨率的平衡，气氛的选择及坩埚类型和是否加盖的选择等。

2.6.3.1　升温速率

过快的升温速率易产生反应滞后，使样品内的温度梯度增大、峰分离能力下降、DSC 基线漂移较大，但能提高 DSC 的灵敏度；过慢的升温速率有利于相邻峰的分离，DSC 基线漂移较小，但 DSC 的灵敏度下降。因此，对于 DSC 实验来说，在灵敏度能满足要求的情况下，一般采取较慢的升温速率会得到较好的实验结果。需要注意的是，不同升温速率下测得的数据不具有对比性。

2.6.3.2　样品量

样品量少，可以减少样品内的温度梯度，使相邻峰的分离能力增强，但是 DSC 的灵敏度有所下降；样品量多，能提高 DSC 的灵敏度，但是会造成峰形变宽、峰值温度向高温漂移、相邻峰趋向合并在一起、峰分离能力下降。通常来说，在保证 DSC 的灵敏度的前提下，选择较少的样品量为佳。

2.6.3.3　灵敏度和分辨率

提高 DSC 的灵敏度有助于检测微弱的热效应，而提高其分辨率有助于相邻峰的分离。增加样品量对灵敏度的影响要远大于对分辨率的影响，但加快升温速率对二者的影响都较大。因此，当样品的热效应较为微弱时，先选择较慢的升温速率，在保证良好分辨率的前提下，再通过逐渐增加样品量来提高灵敏度，直至达到要求。

2.6.3.4　气氛

在进行 DSC 实验时，常选用稀有气体（如氮气、氦气等）作为氛围气体。其目的主要是防止样品在加热时被氧化，减少挥发物对仪器的腐蚀。在一些特定情况下，也会选择压缩空气作为气氛来测定样品的氧化反应。需要注意的是，当氛围气体不同时，相同样品测出的 DSC 曲线有所不同；要注意气氛的安全性问题，在选择气氛前，要充分考虑气氛是否会与热电偶、坩埚等发生反应，而且要防止爆炸或中毒等安全事故的发生。

2.6.3.5 坩埚

DSC 实验常用的坩埚类型有三种，即 Al 坩埚、Al_2O_3 坩埚、PtRh 坩埚。对于坩埚类型的确定，应遵循以下几条原则。

（1）要根据不同的温度范围选择合适的坩埚。

（2）要根据不同的测试和反应类型选择合适的坩埚。

（3）对不同的坩埚要做单独的温度和灵敏度标定。

表 2.1 列出了三种坩埚的优缺点对比，实验前，可根据实际情况进行选择。

表 2.1　三种坩埚的优缺点对比

坩埚类型	优点	缺点
Al 坩埚	传热性好，灵敏度高，峰分离能力强，DSC 基线漂移小，相对于 PtRh 坩埚，其价格较低	温度范围较窄，质地较软，比较容易变形，回收困难
Al_2O_3 坩埚	温度范围最为宽广，在三种常用坩埚中，对于 1400 ℃ 以上高温及高温下金属样品的测试有不可替代的优势，相对于 PtRh 坩埚，有价格优势	相对于 PtRh 坩埚，其传热性、灵敏度、峰分离能力略低，可能会导致 DSC 基线异常漂移
PtRh 坩埚	在三种坩埚中，传热性最好，灵敏度最高，峰分离能力最佳，温度范围较为宽广，基线漂移最小	易与融化的金属样品形成合金，且不能使用金属样品对其进行温度和灵敏度的标定，价格相对较高

另外，坩埚是否加盖也会对实验结果造成一定的影响。坩埚加盖可以有效地改善坩埚内的温度分布，使整个反应体系的温度分布更加均匀，同时可以避免粉末样品的飞扬和传感器的污染。但是坩埚加盖也有一些缺点，如加盖后减少了气氛与样品的接触，对于氧化还原反应有一定的阻碍。

2.7　小结

本章首先介绍了热分析技术，主要包括差热分析、热差示扫描分析、热重分析、静态热机械分析和动态热机械分析等，使学生对每种热分析技术的原理有了初步的认识。其次，本章重点介绍了热分析技术之一——热差示扫描分析技术，分别对热流型和功率补偿型两种 DSC 的工作原理进行了说明。最后，以 EPM 实验室的差示扫描量热仪 Q100 为例，总结 DSC 的操作流程及注意事项；同时，分析了影响 DSC 实验结果的因素，即实验条件中升温速率的设定、样品量的选择、灵敏度和分辨率的平衡、气氛的选择及坩埚类型和是否加盖的选择等。通过学习本章内容，学生可以熟悉不同类型 DSC 的工作原理，熟练掌握 DSC 的操作流程，并对实验结果做出正确的分析。

第3章　金相显微镜

3.1　金相学的发展

金相学是依据显微镜技术研究金属及合金内部组织结构的一门学科，金相学的兴起为金属材料的研究带来了历史性的变革。

金相学研究可以追溯到1808年，Widmanstatten将铁陨石（铁镍合金）切成试片，经抛光后，用硝酸水溶液腐刻，从而观察到片状Fe-Ni奥氏体的规则分布（魏氏组织）。到19世纪中叶，Sorby通过反射式显微镜观察抛光腐刻的钢铁试样，成功地看到了珠光体中的渗碳体和铁素体的片状组织，同时对钢的淬火和回火进行了研究，标志着金相学基本形成。在19世纪末20世纪初，Roberts-Austen（奥氏）和 Roogzeboom 初步绘制出Fe-C的平衡图，为金相学的发展奠定了理论基础。进入20世纪，光学显微技术的发展对金属材料显微组织的研究起到了巨大的推动作用，从最初莫塞莱定律的提出到第一台电子显微镜的问世，再到后来高分辨透射电子显微镜的出现，这些科学技术的进步把金相学带入一个新的领域。电子探针的问世是显微分析技术的重大成就之一，在一定程度上标志着现代金相学的开始。进入20世纪60年代，扫描电子显微镜的商品化和广泛应用，又为金相学开辟了一片新的领域，即断口金相学；70年代后，计算机在显微分析技术中得到应用，标志着现代金相学进入计算机化的新时代。

如今，随着对新材料研究的不断深入，金相学的研究范围已不再局限于金属与合金，而是逐渐渗透到无机非金属材料、矿物、有机高分子等，金相学逐步发展为金属学、物理冶金和材料科学等学科，金相技术也成为国内外材料类、冶金类及相关多个学科的主要实验教学课程之一。

3.2　金相显微镜的发展及分类

工业革命的发展推动了人类文明的进步。随着人类对自然科学的不断探索和研究，越发希望发明出观察微观世界的工具。因此，显微镜的问世极大程度地满足了人类当时的需求，它可以将视觉延伸到肉眼无法看到的细微结构和组织中，故而被广泛地应用于科学研究的各个领域。从传统意义来讲，应用于医学和生物学的透明照明显微镜通常称为生物显微镜；利用反射照明观察不透明物体的显微镜通常称为金相显微镜，它大多用于金属材料的研究；利用透明照明系统和反射照明系统的显微镜称为矿相显微镜，它广泛应用于地质、矿产等学科的研究。本章研究的重点便是第二类显微镜——金相显微镜。

金相显微镜是金相分析的主要仪器之一。利用金相显微镜可以观察金属材料内部组织，即金相结构，发现金属的宏观性能与金相组织形态的密切关系，以便找到保证金属与合金的质量及制造新型合金的方法，从而使金相组织分析法成为研究金属材料的基本方法之一。

金相显微镜的分类方法众多，可以按照仪器大小分为台式金相显微镜、卧式金相显微镜、立式金相显微镜和便携金相显微镜，也可以按照光源分为卤素灯金相显微镜、红外光金相显微镜和白炽灯金相显微镜，还可以按照功能分为偏光金相显微镜、暗场金相显微镜、微分干涉金相显微镜和相差金相显微镜。本章主要依据金相显微镜的结构，将其分为正置金相显微镜和倒置金相显微镜。

用正置金相显微镜观察样品时，物镜朝上、样品表面朝下，其精度较高，应用范围也较广，既能用于明场观察，也能用于暗场观察；而倒置金相显微镜与之相反，物镜在工作台的下方，由于这一结构特点，当使用倒置金相显微镜观察样品时，既无须考虑样品非观察面的平整情况，也无须考虑样品的大小和高低尺寸。因此，倒置金相显微镜在金属材料等研究领域应用较为广泛。图3.1（a）（b）分别为正置金相显微镜和倒置金相显微镜。

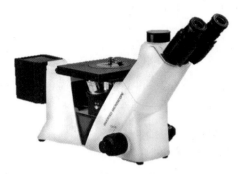

（a）正置金相显微镜 　　　　　　　　　　　　（b）倒置金相显微镜

图3.1　两种金相显微镜

3.3　金相显微镜的工作原理及系统构成

3.3.1　金相显微镜的工作原理

3.3.1.1　金相显微镜的放大原理

金相显微镜是一种用于材料分析和研究的重要工具，是一种利用光学原理观察金属材料微观结构的显微镜。通过金相显微镜，可以对金属材料的晶体结构、组织形貌、相态及其他相关特性进行观察和分析。

金相显微镜的基本放大原理图如图3.2所示。放大过程主要通过焦距较短的物镜和焦距较长的目镜来实现。二者的光学系统都是由透镜构成的，结构较为复杂。为了便于分析金相显微镜的放大原理，可以将物镜和目镜的结构简化为单透镜。假设物体 AB 放置于物镜前，距离其焦点略远的位置。当物体的反射光穿过物镜折射后，便可得到一个放大的实像 A_1B_1；当 A_1B_1 落于目镜的焦距之内时，可以通过目镜观察到虚像 A_2B_2。A_2B_2 位于观察者的明视距离（距人眼 250 mm）处，供眼睛观察，在视网膜上形成最终的实像。图3.2中，AB 代表物体，A_1B_1 代表物镜的放大图像，A_2B_2 代表目镜的放大图像，F_1 代表物镜的焦距，F_2 代表目镜的焦距，L 代表光学镜筒长度（即物镜后焦点与目镜前焦点之间的距离），D 代表明视距离（人眼的正常明视距离为 250 mm）。

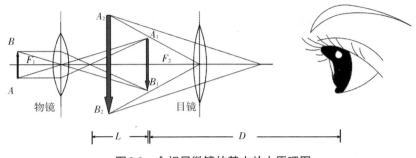

图3.2　金相显微镜的基本放大原理图

但在实际成像过程中，金相显微镜还会受到光的衍射和干涉的影响。受二者的影响，金相显微镜的分辨能力和放大能力都受到一定限制。目前，金相显微镜可观察的最小尺寸为0.2 μm左右，最大有效放大率为1500～1600倍。

3.3.1.2　金相显微镜的检测原理

通过金相分析可以观察试样的宏观和微观形貌，从而研究材料的组织结构和成分性能等内容。金相显微镜通过光学系统将试样待观察部位放大，利用电子电路控制曝光时间的长短，获得清晰的图像；同时利用光电转换装置将所摄图像信号转换为电信号，输入到数字处理机进行处理并显示出来，最后可以对图像进行编辑、保存和打印。

3.3.2　金相显微镜的系统构成

金相显微镜是一种专门用于金属材料显微观察和分析的仪器，是集光学显微镜技术、光电转换技术、计算机图像处理技术于一体的光学仪器。通常来说，金相显微镜由光学系统、照明系统和机械系统构成。

3.3.2.1　光学系统

金相显微镜的光学系统主要由物镜和目镜两个部件构成。

（1）物镜。

物镜的质量在一定程度上决定着金相显微镜最终的成像质量。物镜通常有数值孔径、分辨率、焦深（垂直分辨率）和工作距离等性能指标。

① 数值孔径。物镜的数值孔径代表物镜收集光线的能力。物镜收集的试样上各点的反射光越多，成像质量就越好。数值孔径通常用 N.A. 表示，其大小与物镜和试样之间介质的折射率及物镜孔径角的大小有关。物镜的数值孔径

大小一般都标在物镜的镜体上。

② 分辨率。金相显微镜的分辨率用其能清晰分辨试样上两点间的最小距离（d）表示。由金相显微镜的成像原理可知，物镜对试样进行第一次放大，目镜对试样实现第二次放大。因此，如果物镜不能放大试样的细节，那么在目镜中同样看不到试样的细节。可见，金相显微镜的分辨率主要取决于物镜的分辨率，其表达式如下：

$$d = \frac{\lambda}{2N.A.} \tag{3.1}$$

式中，λ 为入射光的波长；$N.A.$ 为物镜的数值孔径。

当入射光确定时，其波长也随之确定，此时物镜的分辨率完全取决于其数值孔径的大小，数值孔径越大，分辨力越高；反之亦然。

③ 焦深（垂直分辨率）。焦深可以体现物镜能够对高低不平的物体清晰成像的能力。当金相显微镜准确聚焦于试样的某一物面时，如果位于其前面及后面的物面仍然能被观察者看清楚，那么最远两平面之间的距离就是焦深。物镜的焦深也取决于物镜的数值孔径，数值孔径越大，焦深越小。由此可见，物镜的数值孔径对其分辨率和焦深的影响是相反的，因此要根据需要选择数值孔径合适的物镜。当金相显微镜用于高倍观察时，由于焦深小，只有当金相试样表面高低差别很小时，才能清晰成像，因而高倍观察所用的试样应浅腐蚀。

④ 工作距离。物镜的工作距离是指物镜前透镜的表面到试样表面之间的距离，也称物距。物镜的放大倍数越高，相应的工作距离越短。通常所说的调焦实际上便是指调节物镜的工作距离。由于物镜的工作距离非常短，故而在调焦时，要格外小心，防止发生碰撞。

根据对各种像差的校正程度不同，一般将物镜分为消色差物镜、复消色差物镜和平视场物镜三大类。

（2）目镜。

目镜的作用是将物镜放大的实像再放大，观察时，在明视距离处形成一放大的虚像；照相时，在底片上得到一实像。有的目镜还可以校正物镜未能完全校正的像差。金相显微镜常用的目镜有惠更斯目镜、雷斯登目镜、补偿目镜和广视场目镜等。其中，惠更斯目镜结构较为简单，且造价较低，因此在金相显微镜中最为常用；补偿目镜可以用来矫正垂直像差。

3.3.2.2　照明系统

金相显微镜的照明系统主要由光源、光阑和滤色片构成。

（1）光源。

金相显微镜的光源通常采用钨丝白炽灯、卤素灯及氙灯等。过去的中小型金相显微镜中都装有钨丝白炽灯，功率较低，适用于对金相组织进行观察。但随着技术的发展，卤素灯逐渐替代了钨丝白炽灯。卤素灯可以有效地避免由于钨丝白炽灯长时间使用发黑而影响观察的缺陷。卤素灯的灯泡必须由耐高温的石英玻璃制造。氙灯则是在石英玻璃管内装上钨电极并充上高压氙气，利用其放电来实现发光。氙灯的光强度很高，并且可以用于彩色照相。因此，氙灯是金相显微观察的最新光源之一。

金相显微镜的照明方式主要有明场照明和暗场照明。

明场照明是金相显微镜中最为常见的照明方式。在明场照明中，来自光源的光路穿过物镜，并在试样表面反射，再返回经过物镜，最终通过目镜或摄像头进行观察。光滑平坦的试样表面会形成一个非常明亮的背景，而不平整的表面特征则会显得更暗。

暗场照明是指光路通过物镜的暗场环，从高角度入射到试样上，再从表面反射，最终通过物镜的内部到达目镜或照相机。这种类型的照明会使光滑的平面看起来很暗，因为在高入射角反射的绝大多数光都无法通过物镜内的镜片。对于表面平整且偶尔出现非平整特征的试样，暗场像显示的背景较暗，而与非平整特征相对应的区域较亮形成对比。可以看出，暗场照明和明场照明的观察结果是正好相反的。

（2）光阑。

金相显微镜照明系统中有两个光阑，即孔径光阑和视场光阑。

孔径光阑用来调节光源射入的光束粗细，一般可以进行连续调节。当孔径光阑缩小时，进入物镜的光束变细，使球面像差降低，物镜的孔径角也会随着缩小，从而使实际使用的数值孔径下降，最终降低分辨率；当孔径光阑增大时，孔径角增大，使光线充满物镜的后透镜，从而提高分辨率，但是球面像差的增大会降低成像质量。因此，孔径光阑对成像质量有很大影响，使用时，应以光束充满物镜的后透镜为准，并根据成像的清晰程度来判断。

在孔径光阑后面还有一个视场光阑，通过调节视场光阑，可以在不影响物镜分辨率的情况下，改变视场的大小。适当地调节视场光阑，可以提高成像的衬度和质量，一般调节到与目镜视场相同即可。

（3）滤色片。

滤色片是显微镜的辅助部件，位于孔径光阑的附近，其作用通常体现在以下三个方面：① 使用合适的滤色片，可以提高物镜的分辨能力，并使像差得到最大限度的校正。② 增加多相合金在金相照片上的衬度。③ 有助于鉴别带有彩色组织的细微部分。

3.3.2.3　机械系统

金相显微镜的机械系统主要由调焦机构、载物台、物镜转换器和底座等构成。

调焦机构有粗调机构和微调机构两部分。粗调机构可以在较大范围内改变试样和物镜前透镜间的轴向距离；微调机构则是在一个很小的行程范围内调节试样和物镜前透镜间的轴向距离。

载物台用来放置金相试样，载物台和托盘之间有导轨，可以使其在一定范围内平移，从而改变试样被观察的部位。

物镜转换器上可以安装不同放大倍数折物镜，旋转转换器，可以使各个物镜镜头进入光路，与不同的目镜搭配使用，从而获得各种放大倍数。

底座用来支撑整个金相显微镜，使其在水平状态下完成金相检测。

3.4　金相显微镜的制样技术

为了在金相显微镜下正确有效地观察到内部显微组织，需要制备能用于微观检验的样品——金相试样。金相试样的制备步骤主要有取样、镶样、磨光、抛光和腐蚀等。

3.4.1　取样

选择合适且有代表性的试样，是进行金相分析的一个非常重要的环节。取样主要包括选择试样的检测部位及确定试样的截取方式和试样大小等步骤。

3.4.1.1　选择试样的检测部位

根据材料的特点、加工工艺及热处理过程，选择有代表性的位置作为金相分析检测的部位。通常来说，针对金属及合金组织的研究，要选择其在使用过程中最重要的位置；在分析失效原因时，要分别选择失效的部位和完好的部位进行分析；在分析裂纹产生的原因时，要分别选择裂纹发生部位、扩展部位及裂纹结束部位进行分析。

3.4.1.2　确定试样的截取方式

在截取试样时，应保证被观察部位的组织结构不受截取方式的影响。对于相对较硬的材料，通常选择用砂轮机进行切割；对于相对较软的材料，选择用锯、车、刨等加工方法。若试样较大，在切割过程中，要注意采取冷却措施，以防止试样因受热而产生组织变化；对于高温切割的实验，必须去除热影响的部位。

3.4.1.3　确定试样的尺寸

对于金相试样的大小，要以容易抓握和磨样为主，因此金相试样较理想的形状是圆柱形和正方柱体。

3.4.2　镶样

若试样大小合适，一般情况下不需要进行镶样处理。但当试样尺寸太小或者形状较为特殊、不易于制样时，就必须把试样镶嵌起来进行分析检测。镶样的方式通常有热镶和冷镶两种。

热镶通常会用到胶木粉、电玉粉等材料。其中，胶木粉不透明，颜色丰富，并且比较硬，试样不易倒角，但抗强酸强碱的耐腐蚀性能比较差；电玉粉为半透明或透明状，抗酸碱的耐腐蚀性能好，但较软。上述两种材料镶样时，都要经专门的镶样机加压加热后，才能成型。

当试样对温度和压力非常敏感时，就必须采取冷镶的方式。冷镶常用的镶嵌材料是环氧树脂，将其浇注后，在室温下固化。这种方式不会引起试样组织发生变化，但环氧树脂比较软。

3.4.3　磨光

磨光通常分为粗磨和精磨两道工序，而精磨又可分为手工磨光和机械磨光。

粗磨的目的是整平试样，并将其磨出合适的形状，一般在砂轮上进行。需要注意的是，粗磨时，要对试样进行冷却，以防止试样因受热而引起组织变化。

在进行粗磨后，试样表面虽然已较为平整，但还存在较深的磨痕和表面加工变形层，因此需要对其进行精磨，为下一步抛光打好基础。

手工磨光是精磨中最为简单的方法。其流程如下：① 根据试样表面的粗糙程度及材料的软硬度选择合适粒度的砂纸；② 将砂纸平铺在硬板上，一只手按住砂纸，另一只手将试样待磨面压在砂纸上，向前推动试样，直至待磨面上仅有一个方向的均匀磨痕为止；③ 更换粒度更小的砂纸，对试样进行磨光，注意每更换一次砂纸，试样要旋转90°，同时要磨到前一道磨痕完全去除为止。通常情况下，上述过程需要重复4~5次。手工磨光过程示意图如图3.3所示。

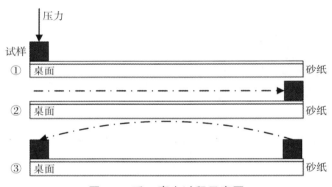

图3.3　手工磨光过程示意图

机械磨光通常是将砂纸放在转盘上，并在转盘上放入一些水。随着转盘转动，砂纸下边的水被甩出，从而使砂纸被吸附在转盘上，完成对试样的机械抛光。有些自动磨光机会配置计算机，可以通过设定程序来完成对试样的磨光，能在保证磨光效果的同时，大大提高磨光效率。

3.4.4　抛　光

抛光的目的是去除磨光在试样磨面上留下的细微磨痕和表面变形层，同时保证抛光产生的变形层不会影响对显微组织的观察。常用的抛光方法主要有机械抛光、电解抛光和化学抛光三种。

3.4.4.1 机械抛光

机械抛光主要分为粗抛和精抛。粗抛的目的是去除磨光的变形层，应采取最大的抛光速率进行，同时要尽可能地减少由于粗抛本身对试样产生变形层的影响。目前最常用的磨料是人造金刚石磨料，相较于α-Al_2O_3、Cr_2O_3或Fe_2O_3的悬浮液，它具有粒度更小、抛光速率更快且抛光质量更好等优点。精抛的主要目的是去除粗抛产生的变形层，降低抛光对试样带来的损伤。不管是粗抛还是精抛，都有以下三点注意事项：① 抛光过程中，要注意对试样进行冷却，防止摩擦过热，同时应适时加入抛光剂；② 抛光过程中，要根据材料的不同选择适合的添加辅料，防止因辅料使用不当使材料产生化学反应，引起材料组织结构变化，从而影响实验数据及结果；③ 抛光结束后，要换新的抛光布进行水抛，其目的是洗净抛光剂。

3.4.4.2 电解抛光

由于机械抛光会在试样表面产生变形层，从而使对金相组织的观察受到影响，因此需要采取电解抛光的方法对试样进行处理。电解抛光一般适用于硬度较低的单相合金，但不适用于化学成分不均匀和用作夹杂物检验的试样。在电解抛光过程中，只有选择合适的电压，并控制好电流密度，才能很好地完成对试样的抛光处理。电解抛光的装置示意图如图3.4所示。

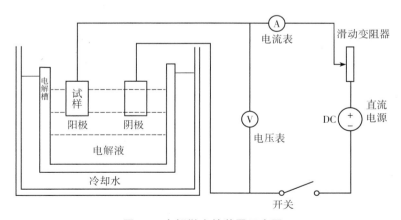

图3.4 电解抛光的装置示意图

注：阴极是导电材料且不与电解液反应。

3.4.4.3　化学抛光

化学抛光是将试样浸在化学抛光液中，进行适当的搅动，一段时间后，便可得到光亮的表面。化学抛光兼有化学腐蚀的作用，能显示金相组织，因此采用化学抛光后的试样可直接在显微镜下观察。化学抛光操作简单，成本较低，可以在粗糙的试样表面进行，因此经常用于对试样进行抛光处理。

化学抛光液的成分随抛光材料的不同而不同。一般抛光液为混合酸溶液，常用的酸类有正磷酸、铬酸、硫酸、醋酸、硝酸及氢氟酸。为了提高金属表面的活性，方便化学抛光的进行，还应加入一定量的过氧化氢。值得一提的是，化学抛光液在使用后，溶液内的金属离子增多，抛光作用会减弱，因此需经常更换新溶液。

3.4.5　腐蚀

试样抛光后（化学抛光除外），在金相显微镜下，只能看到光亮的磨面及夹杂物（电解抛光不适用）等，因此，还要对样品进行腐蚀处理，才能对其组织进行显微分析。较常用的腐蚀方法有化学腐蚀法和电解腐蚀法。

3.4.5.1　化学腐蚀法

化学腐蚀法的操作流程大致可以概括为以下三个步骤：① 将抛光好的试样用水冲洗干净，或用酒精擦掉其表面残留的脏物；然后将试样磨面浸入腐蚀剂。② 用木夹夹住棉花球蘸取腐蚀剂，在试样磨面上进行擦拭，发现抛光的磨面逐渐失去光泽。③ 待试样腐蚀合适后，马上用水冲洗干净，用滤纸吸干或用吹风机吹干试样磨面，即可放在显微镜下观察。试样腐蚀的深浅程度要根据试样的材料、组织和显微分析的目的确定，同时与观察者所需要显微镜放大的倍数有关，在高倍镜下观察时，腐蚀应浅一些；在低倍镜下观察时，则可腐蚀深一些。

3.4.5.2　电解腐蚀法

电解腐蚀法所用的设备与电解抛光所用的设备相同，但设置的电液和电流相较于电解抛光来说较小。电解腐蚀一般用于抗腐蚀性能强、用化学腐蚀法难以腐蚀的材料。

3.5　金相显微镜的使用及维护

3.5.1　金相显微镜的使用

3.5.1.1　金相显微镜的操作流程

不论哪种类型的金相显微镜，其操作流程基本都可以概括为以下九个步骤。

（1）操作设备前，要检查各部分的连接，确保所有连接都处于正常状态。

（2）将金相显微镜电源插头插在 220 V 的电源插座上，并打开光源开关，使灯泡发亮，并照射到试样上。

（3）调节载物台中心，使之与物镜中心对齐，将制备好的试样放在载物台中心。需要注意的是，观察面要对着金相显微镜的物镜，如果使用的是倒置金相显微镜，那么须将试样的观察表面朝下；如果使用的是正置金相显微镜，那么须把试样的观察表面朝上。

（4）转动金相显微镜粗调焦手轮，降低载物台，使试样观察表面接近物镜；然后反向转动粗调焦旋钮，升起载物台，以便在目镜中看到模糊形象；最后转动微调焦手轮，直至影像清晰为止。

（5）适当调节孔径光阑和视场光阑，选用合适的滤镜片，以获得理想的物像。

（6）朝前、后、左、右移动载物台，观察试样的不同部位，以便全面分析并找到最具代表性的显微组织。

（7）在电脑中获取并保存对应的图片。

（8）观察完毕后，将光源调至最暗处并关闭电源，以延长灯泡使用寿命。

（9）实验结束后，应小心卸下金相显微镜的物镜和目镜，并检查金相显微镜是否受灰尘等污染，如有污染，应及时用镜头纸将其轻轻擦拭干净；然后放入干燥器内保存，以防止潮湿霉变。金相显微镜的主机也应随时盖上防尘罩。

3.5.1.2　金相显微镜的使用注意事项

为了保证金相显微镜的分析效果和设备安全，操作人员在操作金相显微镜时，要特别注意以下八点内容。

（1）若操作人员是初次使用金相显微镜，则要在充分了解显微镜的基本原理及各部件的作用，熟悉其操作规程后，方可进行操作。

（2）操作时，必须特别谨慎，不能有任何剧烈动作，严禁自行拆卸光学系统。

（3）严禁用手直接接触镜头的玻璃部分和试样的观察面。若发现镜头上有灰尘，不能用手帕擦，而应先用洗耳球吹去灰尘或砂粒，再用镜头纸或毛刷擦拭。

（4）在操作显微镜时，切记要洗净双手，同时将试样吹干，以免污染镜面。

（5）调焦时，要先粗调后微调。为避免试样与物镜碰撞，应先使物镜慢慢靠近试样（但不能接触），再一边从目镜中观察，一边用双手调焦，使物镜慢慢离开试样，直到看清楚为止。

（6）当载物台垫片圆孔中心的位置远离物镜中心位置时，不要切换物镜，以免划伤物镜。

（7）亮度调整不要忽大忽小，也不要过亮，以免影响灯泡的使用寿命及损害视力。

（8）更换卤素灯要由专人进行，并注意高温，以免灼伤；注意不要用手直接接触卤素灯的玻璃体。

3.5.2　金相显微镜的维护保养

为了更大程度地延长金相显微镜的使用寿命，同时保证分析效果，除了在使用金相显微镜时要格外注意，还应该按时对金相显微镜进行必要的维护和保养。

（1）金相显微镜对潮湿、高温、灰尘、腐蚀气体、震动等因素十分敏感，因此放置金相显微镜的房间应该清洁、干燥和通风，并远离震源。金相显微镜不能与化学用品同时存放在同一个地方。

（2）若透镜表面接触到油污，需要用二甲苯拭除（不能使用酒精），要先从镜头中心向外旋转擦拭，再用擦镜纸清理干净，否则会影响检测效果。

（3）仪器长期使用后，载物台滑动部分等位置可能会出现卡顿的情况，要及时添加润滑脂，保证仪器能正常使用。

（4）不能随意拆除光学系统和设备内部，如有问题，要请专业的维修工程师进行维修，以免损坏零件。

3.6 小结

通过学习本章内容，学生可以掌握如下知识点。

（1）金相显微镜可以依据不同分类标准进行分类，如依据结构可以分为正置金相显微镜和倒置金相显微镜两种。

（2）金相显微镜由光学系统、照明系统和机械系统构成。其中，光学系统主要由物镜和目镜构成，物镜的质量对于最终的成像结果有着决定性的作用；照明系统由光源、光阑和滤色片构成；机械系统主要包括调焦机构、载物台、物镜转换器和底座等部分。

（3）金相试样的制备步骤大致可以分为取样、镶样、磨光、抛光和腐蚀。其中，取样要根据试样的检测部位和检测目的进行选取。当试样不易于制样时，便要进行镶样处理；之后要进行粗磨、精磨和抛光处理；最后要对样品进行腐蚀，以便于观察其显微组织。

（4）以EPM实验室的金相显微镜为例，总结出金相显微镜具体的操作流程和注意事项。

第4章 扫描电子显微镜

4.1 扫描电子显微镜的发展历程

在材料领域，扫描电子显微镜（scanning electron microscope，SEM）（以下简称扫描电镜）技术发挥着极其重要的作用，被广泛地应用于各种材料的形态结构、界面状况、损伤机制及材料性能预测等方面的研究。利用扫描电镜可以直接研究晶体缺陷及其产生过程，既可以观察金属材料内部原子的集结方式及其真实边界，也可以观察在不同条件下边界移动的方式，还可以检查晶体在表面机械加工中引起的损伤和辐射损伤等。

扫描电镜起源于18世纪70年代，当时，Abbe和Helmholfz提出了解像力与照射光的波长成反比的理论，由此奠定了显微镜的理论基础。1931年，德国物理学家Knoll提出了SEM可成像放大的概念，并与物理学家Ruska在1931年制成了穿透式电子显微镜原型机；1938年，德国的Ardenne制成了第一台采用缩小透镜来透射样品的SEM。但由于不能获得高分辨率的样品表面电子像，SEM一直得不到发展，因此只能在电子探针X射线微分析仪中作为一种辅助的成像装置。此后，在许多科学家的努力下，解决了SEM在理论、仪器结构等方面的一系列问题。最早作为商品出现的SEM，是1965年英国剑桥仪器公司生产的一台SEM，它采用二次电子成像技术，分辨率达25 nm。这标志着SEM进入了实用阶段。从此，扫描电镜进入了飞速发展阶段。1968年，在美国芝加哥大学，Knoll成功地研制了场发射电子枪，并将它应用于SEM，获得了较高分辨率的透射电子像。1970年，他又发表了用扫描透射电镜拍摄的铀和钍中的铀原子和钍原子像，使SEM应用又拓展到一个新的领域。

我国对扫描电镜的研究始于1975年，当年国内第一台国产扫描电镜问世。1983年，我国从美国引进功能较为齐全的1000B扫描电镜技术，通过学习与参考，制造出一台功能全面、配套设施齐全的扫描电镜，并促使其在纳米材料研究发展过程中起到越来越重要的作用。2019年，全数字化扫描电子显微镜新品在无锡发布。

如今，扫描电镜可以配备能谱仪（EDS）、波谱仪（WDS）、电子背散射衍射仪（EBSD）等配件。结合计算机的成像显示与软件分析，不仅能观察样品的宏观、微观形貌，而且能进行元素定性、定量分析，使形貌与元素分析一一对应，从而成为材料研究和分析的一大利器。

4.2　扫描电子显微镜的结构及系统组成

扫描电镜主要由电子光学系统、信号收集和显示系统、真空系统、图像显示和记录系统、计算机控制系统、冷却循环水系统及电源供给系统组成。扫描电镜结构图见图4.1。

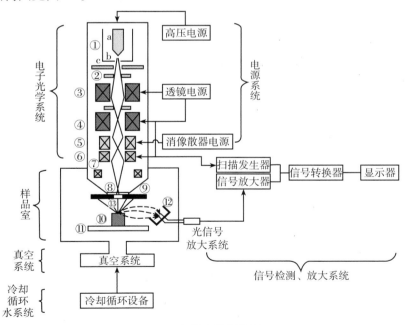

图4.1　扫描电镜结构图

①电子枪（a 阴极，b 栅极，c 阳极）；②光阑；③第一聚光镜；④第二聚光镜；
⑤消像散器；⑥扫描线圈；⑦物镜；⑧物镜光阑；⑨背散射电子收集器；
⑩样品；⑪样品台；⑫二次电子收集器；⑬电子束

4.2.1　电子光学系统

电子光学系统由电子枪、电磁透镜、扫描线圈（又称偏转线圈）和样品室等部件组成。其作用是获得扫描电子束，作为信号的激发源。为了获得较高的信号强度和图像分辨率，扫描电子束应具有较高的亮度和尽可能小的束斑直径。

4.2.1.1　电子枪

电子枪由阴极（灯丝）、栅极和阳极组成。它的主要作用是产生具有一定能量的细聚焦电子束。常用的电子枪有普通热阴极三极电子枪、六硼化镧阴极电子枪和场发射电子枪三种。前两种属于热发射电子枪，后一种属于场发射电子枪。其中，场发射电子枪的亮度最高、电子源直径最小，是高分辨扫描电镜的理想电子源。

从加热的钨灯丝、六硼化镧灯丝中发射的电子或者场发射的电子，由栅极聚焦和阳极加速后形成交叉点。一般钨枪发射的电子束的交叉点为 10 nm ~ 1 μm，六硼化镧枪及场发射枪产生的电子束交叉点更细。电子束的直径通过聚光镜使交叉点缩小到几十分之一，通过物镜后，又缩小为几十分之一。为加速从电子源中发射的电子而加到灯丝与阳极之间的电位差称加速电压，加速电压可变范围一般为 1 ~ 30 kV。

4.2.1.2　电磁透镜

电磁透镜包括汇聚透镜（聚光镜）和物镜。靠近电子枪的透镜称汇聚透镜。汇聚透镜仅仅用于汇聚电子束，与成像会焦无关；物镜负责将电子束的焦点汇聚到样品表面。扫描电镜通常都有三个聚光镜：前两个透镜是强透镜，用来缩小束斑；第三个透镜是弱透镜，焦距长，便于在样品室和聚光镜之间装入各种信号探测器。物镜负责将电子束的焦点汇聚到样品表面。

电磁透镜的功能是把电子枪的束斑逐级聚焦缩小，这是因为照射到样品上的电子束光斑越小，其分辨率愈高。为了降低电子束的发散程度，挡掉大散射角的杂散电子，使入射到试样的电子束直径尽可能地小，汇聚透镜和物镜都装有光阑。物镜光阑离样品最近，比较容易结碳，会影响电子束的分辨率和亮度。目前高端的场发射扫描电镜所配的物镜光阑具有自清洁功能，这样可以省去打开样品室清洗光阑的麻烦。另外，改变汇聚透镜励磁电流，可以改变电子束直径和电子束流。汇聚透镜励磁电流越大，电子束直径越小，电子束流也越小。

4.2.1.3 扫描线圈

扫描线圈主要产生偏转磁场，控制电子束扫描范围，决定图像的放大倍数。扫描线圈结构图见图4.2。电子束通过扫描线圈后，发生偏转，并在样品表面有规则地扫动，实现对样品测试面的检测。另外，为了消除像散，使用扫描线圈是有效的。扫描线圈的作用是使电子束偏转，产生一个与引起像散方向相反、大小相同的磁场，并在样品表面做有规则的扫动，使电子束在样品上的扫描动作和在显像管上的扫描动作保持严格同步，因为它们是由同一扫描发生器控制的。常用的消像散线圈是八极电磁型。

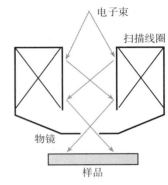

图4.2 扫描线圈结构图

4.2.1.4 样品室

样品室中有样品台和信号探测器。样品台除了能夹持一定尺寸的样品，还能使样品做平移、倾斜、转动等运动，同时样品可以在样品台上加热、冷却和进行热力学性能试验（如拉伸和疲劳）。

4.2.2 信号收集和显示系统

信号收集和显示系统主要包括信号检测器、前置放大器和显示装置，它的主要作用是检测样品在入射电子作用下产生的物理信号；然后经视频放大，作为显像系统的调制信号；最后在荧光屏上得到反映样品表面特征的扫描图像。信号收集及显示系统原理图见图4.3。

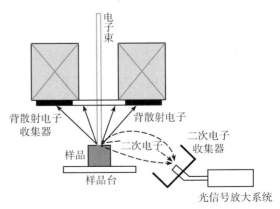

图4.3 信号收集及显示系统原理图

入射电子与样品相互作用后，会产生多种信号，其示意图如图4.4所示。这些信号包括二次电子、背散射电子、X射线、吸收电子、俄歇电子等。上述信号中的二次电子、背散射电子首先打到二次电子探测器和背散射电子探测器中的闪烁体上产生光，然后经光电倍增管将光信号转换为电信号，经前置放大器后，成为有足够功率的输出信号，而后在阴极射线管（CRT）上成放大像，即我们常说的二次电子像（扫描电镜像）和背散射像；产生的X射线信号由斜插入样品室中的能谱仪（或波谱仪）收集，经锂漂移硅［Si（Li）］探测器、前置放大器和主放大器及脉冲处理器，在显示器中展示X射线能谱图（或波谱图），用于元素的定性和定量分析。

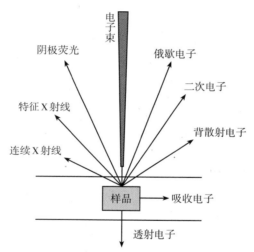

图4.4　入射电子与样品作用后产生的信号示意图

4.2.3　真空系统

真空系统的作用是建立能确保电子光学系统正常工作、防止样品被污染所必需的真空度。一般情况下，如果真空系统能提供$10^{-3} \sim 10^{-2}$ Pa的真空度，就可以防止样品被污染。如果真空度不足，除样品被严重污染，还会出现灯丝寿命下降、极间放电等问题。

样品室的真空度由机械真空泵和分子泵来实现，电镜镜筒和灯丝室的真空度由离子泵来实现。操作时，先开机械泵预抽真空，达到所需真空度之后，可以开机，在更换试样时，阀门会自动地将样品室与镜筒部分隔开，更换灯丝时，也可以将电子枪与整个镜筒隔开，这样可以保持镜筒部分的真空不被破坏。

不同类型的扫描电镜对真空度的要求不尽相同，通常情况下，钨灯丝扫描电镜的真空度要求相对较低，通过机械泵与油扩散泵的组合即可满足要求。因为六硼化镧灯丝在加热时活性很强，所以必须在较好的真空环境下操作，一般要达到 10^{-5} Pa。由于场发射电子枪是从极细的钨针尖发射电子的，要求金属表面必须完全干净，因此场发射电子枪必须保持超高真空度，以防止钨阴极表面累积原子。场发射扫描电镜的样品室的真空度靠机械泵与油扩散泵或机械泵与涡轮分子泵的组合来实现，其中涡轮分子泵与比油扩散泵相比，可以得到更加清洁的真空环境；而电子枪的部分真空需要离子泵来实现。冷场发射式电子枪必须在 10^{-8} Pa 的真空度下操作。热场发式电子枪在 1800 K 温度下操作，能维持上佳的发射电流稳定度，并能在较冷场差的真空度（10^{-7} Pa）下操作。

4.2.4 图像显示和记录系统

显示系统包括信号的收集、放大、处理、显示与记录部分，其作用是把信号检测系统输出的调制信号，转换为在阴极射线管荧光屏上显示的样品表面某种特征的扫描图像，供观察和照相记录。图像显示和记录系统包括两个显像管和一台照相机。一个显像管是长余辉的，用于观察；另一个显像管是高分辨率、短余辉的，用于照相。

4.2.5 计算机控制系统

扫描电镜有一套完整的计算机控制系统，方便测试人员对电镜进行控制和操作。

4.2.6 冷却循环水系统

冷却循环水系统主要由冷却设备、水泵和管道组成。其作用是以水作为冷却介质，对扫描电镜各部分进行降温冷却，从而保障扫描电镜的稳定运行。

4.2.7 电源供给系统

电源供给系统由稳压、稳流及相应的安全保护电路组成，其作用是提供扫描电镜各部分所需的电源，包括启动的各种电源，以及检测-放大系统、真空系统和成像系统中的各类电源。

4.3 扫描电子显微镜的工作原理及设备特点

4.3.1 扫描电子显微镜的工作原理

扫描电子显微镜是介于透射电子显微镜和光学显微镜之间的一种观察工具。从原理来讲，它是通过扫描电镜的电子枪发射出电子束，经过聚焦后，汇聚成点光源，点光源在加速电压下形成高能电子束，高能电子束经由两个电磁透镜被聚焦成直径微小的光点，在透过最后一级带有扫描线圈的电磁透镜后，电子束以光栅状扫描的方式逐点轰击到样品表面，同时激发出不同深度的电子信号。此时，电子信号会被样品上方的不同信号接收器的探头接收，经放大后，送到显像管的栅极上，调制显像管的亮度。由于经过扫描线圈上的电流是与显像管相应的亮度一一对应的，也就是说，当电子束打到样品上的某一点时，显像管荧光屏上就会出现一个亮点。扫描电镜就是采用这种逐点成像的方法，把样品表面具有的不同特征，按照顺序成比例地转换为视频信号，完成一帧图像，从而使我们在荧光屏上能够观察到样品表面的各种特征图像。

由入射电子轰击样品表面激发出来的电子信号有如下几种：二次电子（SE）、俄歇电子（Au E）、背散射电子（BSE）、X射线（特征X射线、连续X射线）、阴极荧光（CL）、吸收电子（AE）和透射电子。每种电子信号的用途因作用深度而不同：二次电子用于形貌观察；背散射电子、特征X射线、俄歇电子用于成分分析。扫描电镜的电子信号示意图如图4.4所示。下面就扫描电镜中主要的信号进行详细的分析和说明。

4.3.1.1 二次电子

（1）二次电子的定义及特点。

在入射电子束作用下被轰击出来并离开样品表面的核外电子叫作二次电子。这是一种真空中的自由电子。二次电子能量很低，只有靠近试样表面几纳米深度内的电子才能逸出表面。因此，它对试样表面的状态非常敏感，主要用于对扫描电镜中的试样表面进行形貌观察。因为二次电子的产额和原子序数之间没有明显的依赖关系，所以不能用它来进行成分分析。但是由于二次电子像有很高的空间分辨率，因此扫描电镜的分辨率通常就是二次电子分辨率。

（2）二次电子产额的主要影响因素。

① 二次电子产额与入射电子能量的关系。二次电子只有具有足够的能量克服材料表面的势垒，才能从样品中发射出来。因此，入射电子的能量至少应达到一定值，才能保证二次电子的产额不为零。当入射电子能量较低时，二次电子的产额随着束能的增加而增加，但在高束能区，二次电子的产额随着束能的增加而降低；当入射电子能量开始增加时，激发出来的二次电子数增加，同时电子进入试样内的深度增加，深部区域产生的低能二次电子在向表面运行过程中被吸收。因此，在低能区，电子能量增加的主要作用是激发更多的二次电子；在高能区，其主要作用是增加入射电子的穿透深度。

② 二次电子产额与入射电子束角度的关系。入射电子束与试样表面法线间的夹角越大，二次电子产额越大。这是因为：首先，随着入射电子束与试样表面法线间的夹角增大，入射电子束在样品表层范围内运动的总轨迹增长，引起价电子电离的机会增多；其次，随着夹角的增大，入射电子束的作用体积更靠近表面层，作用体积内产生的大量自由电子离开表层的机会也越多。

（3）二次电子像的衬度分类。

① 形貌衬度。二次电子主要用于试样形貌的观察，其产额的多少会直接影响图像形貌衬度的好坏。二次电子产额越多，图像的形貌衬度越好。当入射电子束与试样表面法线平行时，二次电子的产额最少；若试样表面倾斜45°，则入射电子束穿入样品激发二次电子的有效深度增加到 $\sqrt{2}$ 倍，入射电子使距离表面很近的作用体积内逸出表面的二次电子数量增多。因此，对于给定的入射电子束强度，二次电子信号强度随着样品倾斜角的增大而增大。

② 成分衬度。它主要依靠材料的成分不同来显示图像，而二次电子的产额随着原子序数的增加变化幅度较小，因此，一般不用于观察试样的成分衬度。

③ 电压衬度。它是指SEM中由于试样表面电位差别而形成的衬度。由于部分样品表面可能处于不同的局部电位，这些局部电位将影响二次电子的强度和轨迹，导致样品正偏压处的二次电子不易逸出，拍出的图像较暗；而样品负偏压处的二次电子较易被逸出，拍出的图像较亮。

④ 磁衬度（第一类磁衬度）。某些试样（如铁磁性材料中的磁畴）会在试样表面形成外延磁场。具有一定规律的二次电子会受到这种磁场的影响而偏转形成某种衬度，这种衬度称为磁衬度。

（4）二次电子像的衬度特点。

由于电子检测器上偏压的吸引造成低能二次电子的轨迹可以弯曲，从而背对检测器区域所产生的电子有相当一部分可以通过弯曲轨迹到达检测器，使检测器的有效收集立体角增大、二次电子的信号强度提高，因此，二次电子像的立体感增强，同时可以较清晰地反映出样品背对检测器区域的细节。

4.3.1.2 背散射电子

（1）背散射电子的定义及特点。

背散射电子是被固体样品中的原子核反弹回来的一部分入射电子，背散射电子来自样品表层几百纳米的深度范围。由于它的产能随着样品原子序数增大而增多，因此，不仅能用作形貌分析，而且可以用来显示原子序数衬度，定性地用作成分分析。因为背散射电子的信号强度比二次电子的信号强度低得多，所以粗糙表面的原子序数衬度往往被形貌衬度所掩盖。

（2）影响背散射电子产额的因素。

① 原子序数。背散射电子的产额随着原子序数的增大而增大。

② 入射电子能量。当入射电子能量在 10～100 keV 时，背散射电子的产额可近似认为与原子序数无关；而当入射电子能量小于 5 keV 时，较高原子序数与较低原子序数对应的元素间背散射电子产额的差别较小。

③ 样品倾斜角。当试样倾斜角小于 50°时，背散射电子的产额不随着倾斜角的变化而变化；当试样倾斜角从 50°逐渐变为 90°时，背散射电子的产额逐渐增大，直至接近 1。

（3）背散射电子的衬度分类。

① 形貌衬度。用背散射电子信号进行形貌分析时，其分辨率远比二次电子的分辨率低，因为背散射电子来自一个较大的作用体积。另外，背散射电子的能量较高，它们可以以直线轨迹逸出样品表面，对于背向检测器的样品表面，因检测器无法收集到背散射电子而变成一片阴影，故在图像中显示出较强的衬度，从而掩盖了很多有用的细节信息。

② 成分衬度。由于背散射电子信号随着原子序数的变化比二次电子的变化显著很多，因此图像有较好的成分衬度。试样中，原子序数较高的区域由于收集到的背散射电子数量较多，因此荧光屏上的图像较亮。利用原子序数造成的衬度变化可以对各种合金进行定性分析，试样中，重元素区域在图像中显示

较亮。

③ 磁衬度（第二类磁衬度）。由背散射电子显示的磁衬度称为第二类磁衬度。

（4）背散射电子像的衬度特点。

① 背散射电子像的分辨率比二次电子像的分辨率低，对试样表面形貌的变化不是很灵敏。

② 因为背散射电子能量较高，离开试样表面后，沿直线轨迹运动，所以检测器检测到的背散射电子信号强度比二次电子信号强度低很多。

③ 一般来讲，用于显示原子序数的试样，只需抛光不需浸蚀，在检测器前端栅网上加负偏压，以阻止二次电子到达检测器，从而排除形貌衬度的干扰。

4.3.1.3　特征X射线

特征X射线是指入射电子将试样原子内层电子激发后，外层电子向内层电子跃迁时产生的具有特殊能量的电磁辐射。特征X射线的能量为原子两壳层的能量差，由于元素原子的各个电子能级能量为确定值，因此特征X射线能分析试样的组成成分。

4.3.2　扫描电子显微镜的性能指标

4.3.2.1　放大倍数

目前，扫描电镜的放大倍数可以从20倍连续调节到20万倍左右。

4.3.2.2　分辨率

扫描电镜分辨率是指能够清楚地分辨试样上最小细节的能力，它通常以清楚地分辨二次电子图像上两点或两个细节之间的最小距离表示。通过测量图像上两亮点（区）之间的最小暗间隙宽度，再除以放大倍数，即可计算出极限分辨率。

首先，扫描电镜分辨率的大小与入射电子束的直径大小有关，电子束直径越小，分辨率越高，反之也成立。其次，扫描电镜分辨率的大小也和检测信号的种类有关，如二次电子和背散射电子对应的扫描电镜的分辨率不尽相同。

4.3.2.3　景深

景深是指透镜对高低不平的试样各部位能同时聚焦成像的一个能力范围。景深的大小和电子束孔径角有关，通常可以通过采用小孔的物镜光阑或增大工作距离"WD"的值来获得较大的景深。由于景深大，因此扫描电镜拍出的图像立体感强、形态逼真。

4.3.3　扫描电子显微镜的特点

扫描电镜成像过程与电视成像过程有很多相似之处，而与光学显微镜和透射电镜的成像原理不同。光学显微镜利用几何光学成像原理进行成像，透射电镜利用成像电磁透镜一次成像，扫描电镜的成像则不需要成像透镜，其图像是按照一定时间、空间顺序逐点形成并在镜体外显像管上显示的。扫描电镜与透射电镜和光学显微镜的性能比较如表4.1所列。

表4.1　扫描电镜与透射电镜和光学显微镜的性能比较

项目	光学显微镜	扫描电镜	透射电镜
分辨率/nm	200	6~10	0.2
放大倍数	10~2000	10~200000	1000~200000
景深/μm	<0.001	0.1~20000	<0.01
分析速度	最快	快	慢
使用功能	微观组织、非金属夹杂物、晶粒度、脱碳层等	组织形貌观察，断口分析，元素定性定量分析，晶体结构分析	微观组织观察，相结构、晶体结构分析，亚结构观察
试样制备	较简单	断口无须破坏	复杂

扫描电镜对样品微区结构的观察和分析具有简单、易行等特点，是目前应用广泛的一种试样表征方式。相比于光学显微镜和透射电镜，它具有一定的优势。下面针对扫描电镜的特点进行详细的分析说明。

4.3.3.1　分辨本领高，倍率连续可调

扫描电镜具有很高的分辨率，普通扫描电镜的分辨率为几纳米，场发射扫描电镜的分辨率可达1 nm，已十分接近透射电镜的水平。光学显微镜只能在低倍率下使用，而透射电镜只能在高倍率下使用，扫描电镜可以在几倍到几十

万倍的范围内连续可调，弥补了从光学显微镜到透射电镜观察的跨度缺陷，实现了对样品从宏观到微观的观察和分析。

4.3.3.2 观察样品的景深长、视场大

扫描电镜的物镜采用小孔视角、长焦距，具有大景深。在同等放大倍数下，扫描电镜的景深大于透射电镜的景深，远大于光学显微镜的景深。因为扫描电镜中二次电子产生的多少与电子束入射角度样品表面的起伏有关，所以扫描电镜的图像具有很强的立体感，可用于观察样品的三维立体结构。

4.3.3.3 样品制备简单

扫描电镜的样品室较大，可观察大到 200 mm、高为几十毫米的样品。扫描电镜的样品制备相较透射电镜要简单得多，样品可以是断口、块体、粉体等。对于导电的样品，只要大小合适，即可直接观察；对于不导电的样品，需在样品表面喷镀一层导电膜（通常为金、铂或碳）后，再进行观察。这样，不仅能够极大限度地避免制样的麻烦，而且能够真实地观察试样本身物质成分不同的衬度（背反射电子像）。

4.3.3.4 观察各个区域的细节

其他形式显微镜的工作距离通常只有 2～3 cm，因此，实际上，只许可试样在两度空间内运动，但在扫描电镜中则不同，它可以让试样在三度空间内 6 个自由度运动，且可动范围大，这为观察不规则形状试样的各个区域带来了极大方便。

4.3.3.5 进行动态观察

在扫描电子显微镜中，成像的信息主要是电子信息。在近代电子工业技术水平支持下，即使是高速变化的电子信息，也能毫不困难地被及时接收、处理和储存，因此，可以进行一些动态过程的观察。如果样品室内装有加热、冷却、弯曲、拉伸和离子刻蚀等附件，那么可以通过电视装置观察相变、断裂等动态的变化过程。

4.3.3.6 综合分析能力强

扫描电镜可以对样品进行旋转、倾斜等操作，能够对样品的各个部位进行观察 。此外，扫描电镜可以通过安装不同的检测器（如能谱仪、波谱仪及电

子背散射衍射等）来接收不同的信号，以便对样品微区的成分和晶体取向等特性进行表征。

4.4 扫描电子显微镜的样品制备

4.4.1 样品的总体要求

样品的形态不受限制，既可以是块状，也可以是粉末状，只要在真空中能保持稳定即可。若样品含有水分，则应该先将样品烘干去除水分；若样品表面受到污染，则需在不破坏样品结构的情况下，将样品清洗烘干；若观察的是断口样品，则一般不需要进行特殊的处理，以免破坏断口或断面的结构形态；若观察的是磁性样品，则需先对样品进行去磁处理，以免观察时电子束受磁场影响。

4.4.2 块状样品的制备

对于导电的块状样品，只需要用切割机将它们切割成合适的大小，用导电胶将其粘贴在电镜的样品座上，即可直接观察。若块状样品尺寸较小，可在热镶样机上进行操作，将其制成圆柱样，使待观察面露在圆柱底面上。为防止假象存在，在放样品前，应将样品用丙酮或无水乙醇等进行清洗，必要时，可以用超声波清洗器进行清洗，再将清洗后的样品进行干燥处理。

样品干燥的方法一般可分为三种。第一种是空气干燥法，即将样品暴露在空气中，使样品表面的溶剂逐渐挥发干净。这种方法的优点是简便易行和节省时间，主要缺点是在干燥过程中，组织会由于溶剂挥发时表面张力的作用而产生收缩变形。因此，该方法一般只适用于表面较为坚硬的样品。第二种是临界点干燥法，即利用物质在临界状态时，其表面张力等于零的特性，使样品的液体完全汽化，并以气体方式排掉来达到完全干燥的目的。这样，就可以避免其表面张力的影响，较好地保存样品的微细结构。这种方法操作较为方便，所用的时间也不算长，所以是常用的干燥方法。第三种是冷冻干燥法，是将经过冷冻的样品置于高真空中，通过升华除去样品中的水分或溶剂的过程。冷冻干燥的基础是冰从样品中升华，即水分从固态直接转化为气态，不经过中间的液态，因此，不存在气相和液相之间的表面张力对样品的作用，从而减轻在干燥过程中对样品的损伤。

对于不导电或导电性较差的块状样品，要先进行镀膜处理，否则样品的表面会在高强度电子束作用下产生电荷堆积，影响入射电子束斑和样品发射的二次电子运动轨迹，使图像质量下降。因此，对于这类样品，要在观察前进行金属镀膜，即采用特殊装置将电阻率小的金属（如金、铂、钯等）蒸发后，覆盖在样品表面，在样品表面形成一层导电膜。这样，不仅可以防止充电、放电效应，而且可以减少电子束对样品的损伤，增加二次电子的产生率，获得良好的图像。

4.4.3 粉末状样品的制备

对于导电的粉末状样品，可以先将导电胶粘贴在样品座上，再均匀地把粉末样品撒在上面，用洗耳球吹去未粘住的粉末（注意不可用嘴吹气，以免唾液粘在试样上；也不可用工具拨粉末，以免破坏试样表面形貌），即可送入样品室进行观察。

对于不导电或导电性较差的粉末样品，须镀上一层导电膜，再用与导电的粉末状样品相同的方法处理，即可用电镜观察。

制备粉末样品时，有以下三点注意事项。

（1）尽可能不要挤压样品，以免破坏其本来的形貌状态。

（2）对于量特别少并且比较细的粉末样品，可以先将其放于乙醇或者合适的溶剂中，用超声波分散一下，再用毛细管滴加到样品台上的导电胶带上（也可用牙签点一滴到样品台上），晾干或在强光下烘干即可。

（3）铺撒至导电胶带上的粉末样品厚度要均匀、表面要平整，且量不要太多（1 g左右即可），否则容易导致粉末在观察时剥离表面，或者容易造成喷金的样品的底层部分导电性能不佳，致使观察结果的对比度差，也可能使样品室受到污染。

4.5 扫描电子显微镜的操作步骤

EPM实验室现拥有一台岛津钨灯丝扫描电镜（SSX-550）。下面是这台扫描电镜的具体操作步骤。

（1）打开电源总开关，之后，依次打开冷却循环水开关、变压器开关、

EDS开关及扫描电镜开关。

（2）将液氮倒入设备的液氮罐，使设备提前达到点分析的状态。

（3）打开电脑，同时登录软件，选择"On Line"按钮，使设备主机与计算机连接。

（4）单击"PUMP"按钮，启动真空系统，机械泵开始工作，直至设备内部真空度达到要求，此过程大约需35 min。

（5）单击"VENT"按钮，将样品放入样品室内（样品须提前处理好，并贴好导电胶，同时记录所放位置的标号，方便之后快速寻找样品）。

（6）再次单击"PUMP"按钮，即可进行样品的微观分析。

（7）打开灯丝。单击"Gun Setting"中的"Auto Saturation Now"，使灯丝实现自动饱和，同时将灯丝电流降低0.5 A左右，这样，可以在保证拍照效果的同时，极大限度地延长灯丝的寿命。

（8）合轴。单击"Gun Setting"中的"Alignment"，选择"Display Pattern"中的"Trans Pattern"模式，可以在电脑屏幕中看到传导图斑，通过调节对比度、亮度，同时移动光标，使传导图斑最终停在画面中心；为了使合轴的效果更好，可以同时调整"Display Pattern"中的"Emission Pattern"模式，使该模式中的传导图斑也处于画面中心。

（9）找样品，开始实验。单击"Positioning"中的"Map"，选中"stab Rotation"，同时选择样品在样品室中所放位置的标号，单击"close"，这时样品台自动旋转到样品所在位置。

（10）单击"MOVE"按钮，在画面中拖动鼠标时，可从画面中心拉出一条绿色射线，通过上下左右调节，可以快速找到样品的待分析区域，将放大倍数调至最小，同时采用最快的扫描速度（可以通过"Scanning Speed"进行切换）开始分析，通过调节对比度、亮度及单击鼠标右键实现聚焦，逐渐放大倍数，直至图片符合要求。此时选择最慢扫描速度扫描，同时单击"View"中的"Freeze"，可以实现图片的冻结。

（11）在拍照过程中，可以通过单击"Tilt"和"Scan Rotation"进行样品的旋转，使图像转到要求的角度；同时，可以单击"View"中的"Detector"进行"SE"和"BSE"的信号切换，实现二次电子和背散射电子图像的同位置成像；另外，可以通过调节工作距离"WD"的值、束斑"Probe Size"的大小及加速电压"Accelerating Voltage"来改变图像的清晰度，直至图像达到要求。

（12）图像的保存。在工具栏中单击"File"按钮，选择"Save As"，选择图片所要保存的位置及图片的名称，即可将图片保存至硬盘中；通过光盘刻录的形式，可以将图像输出到其他电脑。

（13）样品的点分析。单击"View"按钮，将"Area"中的"FRAME"修改为"POINT"，单击"Positioning"中的"Eucentric Point"，同时选中"Z-WD"，可以实现自动聚焦，最终使工作距离为"17"。当工作距离为"17"时，扫描电镜既可以拍照，也可以进行点分析。单击"Analysis"按钮，新建窗口完成相关设置后，即可进行样品的点分析。

（14）样品点分析的要求。通过调整束斑"Probe Size"的大小，使计数"cps"值达到2000左右，并在此基础上，分析至少1 min，即可完成对样品目标点的元素分析。

（15）点分析的数据处理。单击"Qualitative"按钮，可将肯定不存在的元素删除，同时确认峰值相近元素的准确性，之后，保存目标点元素分析结果。

（16）设备关机。单击"BEAM ON"按钮，关闭灯丝电流，等待2 min左右，灯丝温度降低之后，单击"VENT"按钮，将样品取出。关闭样品室之后，单击"PUMP"按钮，使样品室重新达到真空状态。单击工具栏中"File"中的"Shut Down"，等待30 min左右，软件会自动关闭，之后，依次关闭电脑电源、设备电源、EDS电源、变压器电源、冷却循环水电源及总电源。

4.6 扫描电子显微镜的日常保养及维护

做好扫描电镜的日常保养和维护工作，不仅可以延长设备的使用寿命，而且可以提高设备的拍片质量。因此，扫描电镜的管理人员应做到如下三个方面。

4.6.1 日常工作

扫描电子显微镜实验室应做好日常的清洁工作，保持电镜室整洁、无尘；利用空调和除湿机等外部设备调控室内温度和湿度环境，使室内温度处于（20±3）℃、湿度保持在60%以下，以防扫描电镜各部件损坏。

4.6.2　真空系统维护

扫描电镜属于高真空系统的仪器。场发射扫描电镜需长期保持开机状态，以确保电镜具有优良的真空值。如果发生停电或维修等特殊情况，来电后，应尽快开机，待仪器稳定后，检查系统真空和电子枪真空是否在工作范围内。

4.6.3　配件维护

（1）定时检查机械泵的油液面是否在安全线以上。若油液面在安全线以下或泵油颜色变深，则应立即添加或更换泵油；每半年更换一次密封圈，防止因密封圈老化而影响抽真空的效果。

（2）定期清洗样品台、送样杆及样品室中易受污染的部件等，以防受到灰尘等杂质的污染而影响真空效果。清洗时，可使用防静电无尘布蘸取酒精进行擦拭。

（3）定期检查水冷机循环水，一般半年更换一次循环水。若发现水位低于警戒线，应立刻添加去离子水；若发现循环水混浊变质，应立刻更换，防止因循环系统堵塞和结垢造成水循环系统工作效率降低。更换时，须先关机，清洗水箱后，再加去离子水，并倒入半瓶抑菌剂，以防藻类和细菌生长。

（4）定期检查空压机的状态，保证压力指针处于 $0.3 \sim 0.4$ MPa，同时定期排放空压机中的水蒸气及灰尘等杂质，并将排气口清洗干净。

4.7　扫描电子显微镜的技术发展

随着技术的不断发展，扫描电镜的性能得到不断的完善，其功能也得到不断的拓展。现阶段除了常见的扫描电镜，还涌现出一系列具有特殊功能的扫描电镜，比较有代表性的有环境扫描电镜（environmental scanning electron microscope，ESEM）、聚焦离子束扫描电镜（focused ion beam-scanning electron microscope，FIB-SEM）、激光共聚焦扫描电镜（confocal laser scanning microscope，CLSM）和原子力扫描电镜（atomic force microscope，AFM）等。

（1）环境扫描电镜除了像普通扫描电镜一样，将样品室和镜筒内设为高真空来检验导电导热或经导电处理的干燥固体样品，还可以作为低真空扫描电镜直接检测非导电导热样品，无须进行处理，但是低真空状态下只能获得背散射电子像。环境扫描电镜样品室内的气压可大于水在常温下的饱和蒸气压，可以在-20~+20 ℃内观察样品的溶解、凝固、结晶等相变动态过程。环境扫描电镜可以对各种固体和液体样品进行形态观察和元素定性定量分析，对部分溶液进行相变过程观察。对于生物样品、含水样品、含油样品，既不需要脱水，也不必进行喷碳或喷金等导电处理，可在自然状态下直接观察二次电子图像并分析其元素成分；还可以分析生物样品和非导电样品（背散射和二次电子像）、分析液体样品及±20 ℃内的固液相变过程。因此，环境扫描电镜具有很大的发展潜力和应用市场。

（2）聚焦离子束扫描电镜是将聚焦离子束（FIB）与扫描电子显微镜（SEM）耦合成为FIB-SEM双束系统后，通过结合相应的气体沉积装置、纳米操纵仪、各种探测器及可控的样品台等附件，成为一台集微区成像、加工、分析、操纵于一体的分析仪器。它可以实现材料微观截面截取与观察、样品微观刻蚀与沉积及材料三维成像及分析等功能，其应用范围也已经从半导体行业拓展至材料科学、生命科学和地质学等众多领域。

（3）激光共聚焦扫描电镜是通过激光、电子摄像和计算机图像处理等现代高科技手段进行渗透，并与传统的光学显微镜结合产生的先进的细胞分子生物学分析仪器。它用激光作扫描光源，逐点、逐行、逐面地快速扫描成像，扫描的激光与荧光收集共用一个物镜，物镜的焦点即扫描激光的聚焦点，也是瞬时成像的特点。系统经一次调焦，将扫描限制在样品的一个平面内。当调焦深度不同时，就可以获得样品不同深度层次的图像，这些图像信息都储于计算机内，通过计算机分析和模拟，就能显示细胞样品的立体结构。由于该仪器具有高分辨率、高灵敏度、三维重建、动态分析等优点，因此为基础医学与临床医学的研究提供了有效手段，既可以用于观察细胞形态，也可以用于细胞内生化成分的定量分析、光密度统计及细胞形态的测量，配合焦点稳定系统，还可以实现长时间的活细胞动态观察。

（4）原子力显微镜是一种可用来研究包括绝缘体的固体材料表面结构的分析仪器。它通过检测待测样品表面和一个微型力敏感元件之间的极微弱的原子间相互作用力来研究物质的表面结构及性质。将一对微弱力极端敏感的微悬臂的一端固定，另一端的微小针尖接近样品，这时针尖将与样品相互作用，作用力将使得微悬臂发生形变或运动状态发生变化。扫描样品时，利用传感器检测这些变化，就可以获得作用力分布信息，从而以纳米级分辨率获得表面形貌结构信息及表面粗糙度信息。

4.8 小结

通过学习本章内容，学生可以掌握如下知识点。

（1）扫描电镜主要由电子光学系统、信号收集和显示系统、真空系统、图像显示和记录系统、计算机控制系统、冷却循环水系统及电源供给系统组成。

（2）扫描电镜的基本原理是通过高能电子束照射到样品的某个部位，与样品相互作用而产生的背散射电子、二次电子等信号被检测器接收后，完成样品显微形貌的观察。其中，二次电子对试样表面的状态非常敏感，主要用于观察扫描电镜中试样的表面形貌。由于二次电子的产额和原子序数之间没有明显的依赖关系，因此不能用它来进行成分分析；而背散射电子的产能随着样品原子序数的增大而增多，所以，不仅能用作形貌分析，而且可以用来显示原子序数衬度，定性地用作成分分析。

（3）一幅高质量的扫描电镜图像应具有结构清晰可辨、黑白区细节分明且没有明显的噪声等特点，即分辨率高、衬度适中和信噪比好。因此，在操作过程中，尤其需要注意以下三点：① 完成扫描电镜电子光学系统的合轴对中；② 选择合适的参数，如加速电压、工作距离等；③ 正确进行图像消像散的操作。

（4）扫描电镜对样品的形态没有要求，只需在真空中保持稳定即可，但要注意样品不能含有水分，不能有磁性，且表面不应受到污染。

（5）在正确使用扫描电镜的基础上，还要注意设备的日常维护和保养，延长设备的使用寿命。实验人员应做好日常的清洁工作，保持电镜室整洁、无尘，要及时带走实验过程中产生的废弃物，不要遗留在实验现场；实验管理人员要关注设备的日常状态，如设备的真空值、设备所处环境的温湿度、钨灯丝的电流值等。除此之外，还要关注配件的状态，如冷却循环系统中循环水是否需要更换、制冷剂是否需要添加、空压机中的水蒸气是否按时排放等。

第5章　电子探针

5.1　电子探针的发展背景

电子探针显微分析原理及其发展的初期是建立在X射线光谱分析和电子显微镜这两种技术基础上的，该仪器实质上是这两种技术的科学组合。1913年，Moseley发现电子或具有足够能量的初级X射线激发元素时，每种元素均能发射出特征X射线，并且特征X射线频率的平方根与原子序数成线性关系，从而奠定了X射线光谱分析的基础。同时，他还发现，在铜的质量分数占70%、锌的质量分数占30%的样品中，铜的谱线强度比锌的大，由此奠定了定量分析的基础。

1949年，第一台电子探针在法国制成，博士Castaing在Guinier 教授指导下，将一台静电型电子显微镜改造成电子探针仪，他在两年后的博士论文中，详细地阐述了原子序数、吸收、荧光修正测量结果的方法。该论文被誉为"电子探针显微分析学科的经典著作之一"。20世纪50—60年代，电子探针技术得到了蓬勃发展；从70年代开始，电子探针技术逐渐发展成熟，这一时期人们已将电子探针和扫描电镜的功能组合为一体，同时应用电子计算机控制分析过程并进行数据处理；到80年代后期，电子探针又增加了彩色图像处理和分析功能，计算机容量的不断扩大使得分析速度和数据处理时间逐渐缩短；90年代中期，波谱仪的加入使电子探针的功能又迈上一个新的台阶；如今，电子探针朝着高自动化、高灵敏度、高精确度、高稳定性方向发展，使电子探针显微分析进入一个新的阶段。

我国从20世纪60年代初开始陆续引进电子探针和扫描电镜，同时开始了电子探针和扫描电镜的研制工作，并生产了电子探针仪器，但由于种种原因，仪器的稳定性和可靠性及许多其他技术指标与国外同类仪器相比，还有一定的差距，因此很快停产。目前，世界上生产电子探针的厂家主要有三家，即日本电子公司JEOL、日本岛津公司SHIMADZU和法国的CAMECA公司。

5.2 电子探针的工作原理及功能介绍

电子探针X射线显微分析仪（electron probe X-ray micro-analyzer，EPMA或EMA）简称电子探针。作为一种在电子光学和X射线光谱学原理基础上发展而来的高效率分析仪器，它通过电子束与样品的相互作用进行固体物质显微分析，包括微区成分、形貌和结构分析。不同于一般用于分析样品较大范围内平均化学组成的方法（如化学分析、X光荧光分析及光谱分析），电子探针的微区成分分析能将微区化学成分和显微组织对应起来，因此，是一种显微组织分析方法。

5.2.1 电子探针的工作原理

电子探针的工作原理是：当一束细聚焦的电子束对样品表面进行轰击时，入射电子将与样品的原子核乃至核外电子发生弹性或非弹性的散射作用，使样品形貌特征、内部结构、元素成分等信息被激发反射出来，具体如二次电子、背散射电子、特征X射线等。电子探针主要利用二次电子和背散射电子来观察样品的形貌结构，可以利用特征X射线来完成对样品成分的定性和定量分析。电子与样品相互作用产生的各种信息如图4.4所示。

5.2.1.1 二次电子

二次电子的能量很低（通常低于$50\,eV$），这导致其仅在样品表面$5\sim10\,nm$的深度内才能逸出表面，因此分辨率较高，适用于显示形貌衬度。另外，由于二次电子的发射率与样品表面的关系非常大，因此可以利用二次电子图像来观察样品的表面形态。凹凸不平的样品表面产生的二次电子可以被二次电子探测器全部收集，使得拍出的二次电子图像没有阴影，但二次电子易受到样品电场和磁场的影响。通常情况下，利用二次电子像进行样品表面微观形貌观察。

5.2.1.2　背散射电子

背散射电子的能量接近于入射电子的能量。因为背散射电子的产额随着样品的原子序数的增大而增加，所以背散射电子信号的强度与样品的化学组成有关，即与组成样品的各元素平均原子序数有关。样品平均原子序数越大，产生的背散射电子数目越多，图像的亮度越大；反之亦然。背散射电子也反映样品形貌信息。用背散射电子像可以观察元素分布或相分布，并可以确定元素定性、定量分析点。

5.2.1.3　特征 X 射线

高能电子入射到样品时，样品中元素的原子内壳层（如 K，L 壳层）电子将被激发到较高能量的外壳层（如 L 层或 M 层），或直接将内壳层电子激发到原子外，使该原子系统的能量升高，但这种高能量态是不稳定的，原子的较外层电子将迅速跃迁到有空位的内壳层，以填补空位降低原子系统的总能量，并以特征 X 射线或俄歇电子的方式释放出多余的能量。由于入射电子的能量及分析的元素不同，会产生不同线系的特征 X 射线，如 K 线系、L 线系、M 线系等。

利用电子束轰击样品所产生的特征 X 射线，可以使电子探针完成对样品的定性或定量分析。每一个元素都有一个特征 X 射线波长与之对应，进行不同元素分析时，需要用到不同的线系。通常情况下，轻元素用 Kα 线系，中等原子序数元素用 Kα 或 Lα 线系，一些重元素用 Mα 线系。因此，对于特征 X 射线的收集和检测显得尤为重要。

通常，检测特征 X 射线的波长和强度是由 X 射线谱仪来完成的。常用的 X 射线谱仪有两种：一种是波谱仪，另一种是能谱仪。

（1）波谱仪的结构。

波谱仪是利用晶体衍射分光的途径实现对不同波长的 X 射线的分散展谱、鉴别和测量。波谱仪主要由分光晶体、X 射线探测器和相应的机械传动装置、电子线路和记录显示系统等构成。波谱仪主要是将由电子束激发产生的特征 X 射线通过分光晶体分光、由记录系统接收后转换为电信号，进而放大、整形和显示出来。

分光晶体是专门用来对 X 射线起色散（分光）作用的晶体，它具有良好的衍射性能、强反射能力和良好的分辨率，同时在真空中不会发生变化。常用的晶体有 PET，RAP，LiF，PBST 等。分光晶体的分辨本领决定了电子探针的分辨率，因此寻找新型的具有高分辨本领的晶体是提高电子探针分辨率和灵敏度的重要途径。

（2）波谱仪的工作原理。

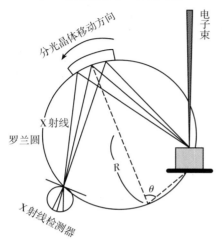

图5.1　X射线分光原理图

X射线作为一种电磁辐射，具有波粒二象性。如果把它视为连续的电磁波，那么特征X射线就被看成具有固定波长的电磁波，不同元素对应不同的特征X射线波长，如果不同X射线入射到晶体上，就会产生衍射。根据布拉格条件，即 $2d\sin\theta=\lambda$，可以得到当选用已知面间距 d 的合适晶体分光，只要能测出不同特征X射线所产生的衍射角 2θ，就可以计算出其波长 λ，之后便可得出特征X射线对应的元素种类。波谱仪的工作原理便基于此而诞生，其分光原理图见图5.1。

图5.1中，以 R 为半径的圆称为罗兰圆（Rowlend circle）或聚焦圆（对X射线聚焦）。当电子束入射到样品表面时，会产生反映样品成分的特征X射线，特征X射线经分光聚焦后，被X射线计数管接收，假设样品照射点到晶体的距离为 L，可以得到 $L=2R\sin\theta$，结合布拉格条件（即 $2d\sin\theta=n\lambda$），可以得出 $L=\left(\dfrac{R}{d}\right)n\lambda$。其中，$d$ 为分光晶体的面间距，为常数；R 为罗兰圆的半径，也为常数；n 为特征X射线的衍射级数。因此，当晶体沿 L 做直线运动时，L 会发生变化，这时便可以依据公式计算出不同元素所产生的特征X射线的波长 λ。

（3）波谱仪的特点。

波谱仪的最大优点是分辨率高，其次是峰背比高，其检测出的元素最低浓度能达到能谱仪的1/10。但是波谱仪也存在一些缺点：由于仪器结构的特点，波谱仪如果想要有足够的色散率，罗兰圆的半径就需要足够大，导致对X射线的光源所张的角度特别小，因此对X射线的光量子收集率很低，最终使X射线的信号利用率很低。此外，波谱仪在低束流和低激发强度下，难以开展工作。

（4）能谱仪的结构。

能谱仪的全称为能量分散谱仪，与波谱仪不同的是，能谱仪是按照X射线的光子能量进行展谱的。能谱仪主要由探测器、前置放大器、脉冲信号处理单元、模数转换器、多道分析器、计算机和显示记录系统构成。目前最常用的是Si（Li）X射线能谱仪。其关键部件是锂漂移硅固态检测器，即Si（Li）检测器，它实际上是一个以锂为施主杂质的二极管。

（5）能谱仪的工作原理。

能谱仪通过锂漂移硅固态检测器［Si（Li）检测器］将所有波长（能量）的X射线光子几乎同时接收进来，每一能量为 E 的X光子相应地引起 n 对电子–空穴对，不同的X射线光子能量产生的电子–空穴对数不同。Si（Li）检测器将它们接收后，经过积分，再经过放大整形后，送入多道脉冲高度分析器中，最后在荧光屏以脉冲数–脉冲高度曲线显示。这就是能谱仪的工作原理。

（6）能谱仪的特点。

首先，能谱仪所用的Si（Li）检测器的尺寸较小，可以装在靠近样品的区域，因此它对X射线的利用率比较高；其次，能谱仪的分析速度比较快，在几分钟之内即可完成对指定区域元素的定性分析；第三，能谱仪在工作时，不受罗兰圆的限制，因此样品表面可以有小范围的波动，适用于对表面粗糙的样品进行成分分析；第四，能谱仪的工作束流小，因此对样品造成的污染较小。

能谱仪也有一些缺点：分辨本领比较低，峰背比较小，并且Si（Li）检测器必须在液氮温度下才可以使用，维护费用比较高。

（7）波谱仪和能谱仪的比较。

表5.1详细地列出了波谱仪和能谱仪的区别，从表5.1中可以非常清晰地看出两者的优缺点。

表5.1　波谱仪和能谱仪的对比

项目	波谱仪（WDS）	能谱仪（EDS）
探测效率	探测效率较低，需要较大的束流	探测效率较高，探测器靠近样品放置，需要较小的束流
探测灵敏度	对块状样品的探测灵敏度很高	对块状样品的探测灵敏度较低
峰值分辨率	峰值分辨率好，峰背比高	峰值分辨率不好，峰背比低
分析范围	分析范围小，不适合做大面积的平均成分分析	分析范围大

表 5.1（续）

项目	波谱仪（WDS）	能谱仪（EDS）
谱线显示	可同时使用 4 道波谱仪，显示所有谱线，定性定量分析时间长	同时显示所有谱线，定性分析时间快
定性分析	做线分析和面分析有很大的优势，但是对于未知成分的点分析效果不太好	分析速度快，适合做点分析，但是做线分析和面分析的图的效果不好
定量分析	精度高，对轻元素分析精度高且当有重叠峰存在时，分析效果良好	对中等浓度的元素分析效果较好，但是对轻元素分析精度低且当有重叠峰存在时，分析效果不好
其他方面	机械系统复杂，操作复杂，价格昂贵	操作简单，售价较低

5.2.1.4　定性分析的原理

电子探针首先可以利用入射电子与样品交互产生的二次电子、背散射电子来对样品进行微观形貌观察，其次可以利用波谱仪或能谱仪测量入射电子与样品相互作用产生的特征 X 射线波长与强度，从而完成对样品微区中元素的定性和定量分析。定性分析的基本原理如下。

根据 Moseley 关系式，可以得出：

$$\sqrt{\nu} = K_0(Z - \sigma) \tag{5.1}$$

式中，ν 为某种元素对应的特征 X 射线的频率；Z 为原子序数；K_0 和 σ 均为常数。

结合公式 $\lambda = \dfrac{c}{\nu}$（λ 为特征 X 射线的波长，c 为光速），可以得出：

$$\lambda = \frac{K}{(Z - \sigma)^2} \tag{5.2}$$

式中，$K = \dfrac{c}{K_0^2}$ 为常数。

通过式（5.2）可以得到如下结论：样品中的元素（对应的原子序数 Z）与它产生的特征 X 射线波长（λ）有对应关系，即每种元素都有一个特定波长的特征 X 射线与之对应，不随着入射电子的能量而发生变化。用波谱仪测量电子激发样品所产生的特征 X 射线波长的种类，即可确定样品中所存在元素的种类，这便是波谱仪完成样品待测微区元素定性分析的理论基础。

根据能量公式 $E = h\nu$（其中 h 为普朗克常数）可知，每种元素具有特定的能量，如果用能谱仪检测样品中不同能量的特征 X 射线，也可以确定样品中所含元素的种类，这便是能谱仪完成样品待测微区元素定性分析的理论基础。

值得注意的是，虽然能谱仪的定性速度快，但它的分辨率较低，如果不同元素的特征 X 射线谱峰相互重叠严重，那么能谱仪很难得出正确的结论，这时可以将能谱仪和波谱仪联合起来共同分析，从而得到较为准确的结果。

5.2.1.5 定量分析的原理

电子探针是目前样品微区元素定量分析最准确的仪器。假设待测样品中 A 元素的质量分数为 C_A，其与 A 元素产生的特征 X 射线的强度 I_A 成正比，即 $C_A \propto I_A$。如果在相同的电子探针分析条件（如工作电压、束流、探测效率等）下，同时测量样品和已知成分的标样中 A 元素的同名 X 射线强度，在暂不考虑测量过程中一系列物理作用影响的前提下，经过校正计算，可以得出待测样品中 A 元素的质量分数

$$C_A = K \frac{I_A}{I_{(A)}} \tag{5.3}$$

式中，C_A 为待测样品中 A 元素的质量分数；I_A 为待测样品中 A 元素对应的特征 X 射线强度；$I_{(A)}$ 为已知样品中 A 元素对应的特征 X 射线强度；K 为常数，根据不同的校正方法，K 可用不同的表达式表示。采用同样的方法，可求出样品中其他元素的质量分数。

定量分析只有建立在正确的定性分析的基础上，才有意义可言，因此，要根据定性分析的结果，对确定的元素选择合适的标样进行定量分析。

（1）定量分析的校正过程。

定量分析的校正及计算方法可以分为 ZAF 校正、α 因子校正、B.A. 方法校正及曲线法校正，这些方法的目的都是将特征 X 射线强度比转换为元素的真实质量浓度。

① ZAF 校正。所谓 ZAF 校正，是指将样品与标样对入射电子的原子序数效应及对 X 射线的吸收效应和荧光效应的差别进行比较，从而求出相应的校正因子，将 X 射线强度经转化为元素的质量深度。其中，Z 表示原子序数校正（atomic number correction）因子，A 表示吸收校正（absorption correction）因子，F 表示荧光校正（fluorescence correction）因子。

◎ 对于原子序数校正，做出以下三点说明。第一，当加速电子束与样品作用时，有部分电子被散射掉，成为背散射电子，使入射电子中可激发特征 X 射

线的能量减少，从而造成特征 X 射线强度损失。由于背散射电子的能量与样品中的原子序数有关，原子序数越大，背散射电子能量越高，因此背散射电子所造成的特征 X 射线强度损失与原子序数有关。第二，当加速电子束与样品作用时，还会受到其他弹性或非弹性散射，即受到阻挡而改变方向、降低速度、造成一部分能量损失，在与电子束作用过程中，使入射电子束受到此类改变的本领，称为阻挡本领。该本领是入射电子能量和原子序数的函数，而入射电子的能量可以不发生改变。第三，由于背散射和阻挡本领的影响都与原子序数有关，加之标样和样品的平均原子序数及浓度等不可能完全相同，因此背散射和阻挡本领造成的影响不同，需要进行校正，这种校正被称为原子序数校正。

◈ 对于吸收校正，大家应该知道：特征 X 射线在从样品中发射出来之前，已经在样品内部行进了一段路程，在这个过程中，将会受到样品本身的吸收；特征 X 射线被吸收的程度与样品的成分有关；样品的成分与标样成分不完全相同，因此对特征 X 射线的吸收能力不同，故要进行吸收校正。

◈ 荧光校正主要是由荧光效应造成的。我们所分析的样品大多是由非单一元素构成的，因此，当样品中 A 元素所发出的 X 射线的能量大于 B 元素中原子某壳层电子的临界激发能时，则 A 元素的 X 射线（一次 X 射线）可能激发 B 元素的原子而导致荧光 X 射线（二次 X 射线）的发射。这些荧光 X 射线叠加在一次 X 射线上，使发射的特征 X 射线得以加强，这一效应被称为荧光效应。由于样品与标样成分不完全相同，因此荧光效应也不同，故要进行荧光修正。

上述三种修正统称为 ZAF 修正，用公式可以表示为 $C_A = K_A ZAF$。式中，C_A 为样品中 A 元素的浓度，K_A 为待测样品中 A 元素对应的 X 射线强度与标样中 A 元素对应的特征 X 射线强度之比，Z 为原子序数校正因子，A 为吸收校正因子，F 为荧光校正因子。

该校正方法被认为是目前最为可靠的方法，误差较小。但是由于其具体的计算公式和步骤非常复杂，因此现在的电子探针都有 ZAF 校正计算程序，可以通过软件自动地进行 ZAF 校正，大大地节省了时间。

② α 因子校正。α 因子校正法是一种适用于二元合金的校正方法，具体可以理解为：假设样品为二元合金 AB，其中 A 元素的浓度 C_A 与特征 X 射线的强度比 K_A 之间并非简单的线性关系，而要通过 α 因子校正。核正公式如下：

$$\frac{1 - K_{AB}^A}{K_{AB}^A} = \alpha_{AB}^A \frac{1 - C_{AB}^A}{C_{AB}^A} \tag{5.4}$$

式中，K_{AB}^A 是二元合金 AB 中 A 元素相对于单质标样 A 的特征 X 射线强度比，C_{AB}^A 是二元合金 AB 中 A 元素的浓度，α_{AB}^A 是 AB 合金中 α 校正因子。整理式 (5.4) 可得：

$$\frac{C_{AB}^A}{K_{AB}^A} = \alpha_{AB}^A + \left(1 - \alpha_{AB}^A\right)C_{AB}^A \tag{5.5}$$

式中，α_{AB}^A 可以通过实验方法得到，因此只要测量出 K_{AB}^A 的值，便可以根据式 (5.5) 计算出元素 A 在二元合金 AB 中的浓度。

③ B.A. 方法校正。该方法主要将二元合金中元素浓度 C 和相对强度 K 的关系，经过校正扩展到氧化物中。简单来说，在非金属材料中，不含游离金属元素和游离氧，而以氧化物的形式出现，因此，在分析中，要以简单氧化物作为基本计量单位，而不分成金属元素和氧元素。其校正公式与 α 因子的校正公式类似。

④ 曲线法校正。当所分析的多元素样品中仅有两个元素的含量可变时，可以利用曲线法来进行校正。具体做法如下：取成分已知并且成分变化范围很大的一系列样品作为标样，依次取其中的一个作为参考标样，用参考标样的质量百分比（作为横坐标）与特征 X 射线的强度比（作为纵坐标）作图。当校正曲线建立后，在做待测样品的某种元素的定量分析时，只要测出待测样品与参考标样的特征 X 射线强度比，就可以在校正曲线中直接查出该元素在待测样品中的质量百分比。

曲线校正法的优点是不需要进行复杂的计算，校正曲线一旦建立，可以长期使用；但是它也有很明显的缺点，即标样的选取比较困难，同时在测量待测样品与参考标样的特征 X 射线强度比时，须使实际的实验条件与曲线建立时的实验条件完全相同，这实际上是很难做到的。

（2）标样具备的条件。

标样对于电子探针测量样品中某种元素的含量是非常重要的，标样选取的好坏会直接影响最后的分析结果；没有标样，则无法完成定量分析。因此，在利用电子探针进行定量分析时，选取的标样应符合以下四方面条件。

① 标样的纯洁性必须达到要求。选为标样的物质必须是固体，且对于纯元素的标样，纯洁度要达到 99.99% 以上；化合物的标样中不能含有杂质。

② 标样的准确性必须达到要求。所有标样都必须有准确的成分分析值，并且要具有很好的重复性。

③ 标样的均匀性必须达到要求。标样的结构和成分必须均匀，所谓成分均匀，是指在不同位置成分差别必须控制在某一范围内。

④ 标样的稳定性必须达到要求。标样在空气和真空中及在高能电子束的轰击下，物理性质、化学性质等均不发生改变。

（3）定量分析中的影响因素。

利用电子探针进行定量分析时，结果的好坏主要受到以下三个方面条件的影响。

① 待测样品的影响。首先，待测样品表面是否平整对于定量分析的结果有一定的影响。这是因为，如果待测样品表面不平整，会影响波谱仪对激发出的特征 X 射线的接收，从而导致测试结果出现偏差。因此，样品制备首先要保证的便是表面平整。其次，样品的导电性会对定量分析的结果造成一定的影响。当样品导电性较差时，电子束的作用区域会产生电荷聚集的情况，进而导致电子束入射的偏移，严重时，会影响实验的正常进行。因此，对于此类样品，在处理时，要做好表面喷碳或喷金处理。最后，待测样品成分的均匀性也会影响最终的测量结果。当待测样品成分不均匀时，会导致测量结果的不唯一性，在不同区域内测出的结果相差较大，不能真实反映待测样品的实际情况。因此，要尽可能地保证待测样品在分析区域内的成分是均匀的。

② 标样的影响。对标样应具备的条件，之前做出了具体的说明，需要注意的一点是要防止标样氧化。标样在长期使用之后，表面会形成一层致密的氧化膜，使得特征 X 射线的计数强度降低，最终导致定量分析的结果不准确。因此，要注意防止标样氧化，可以采取将标样定期打磨并放入真空箱中保存的措施，分析时，要保持样品内的高真空度。

③ 分析条件的影响。加速电压的选择主要是考虑特征 X 射线的激发效率和入射电子在样品中的穿透能力。但是，随着加速电压的增加，电子的穿透能力迅速增加，电子从轰击点进一步散布，导致空间分辨率变差。同时，当电子穿透到较深的深度时，吸收校正会大幅度增加，导致校正准确性降低。因此，在进行定量分析时，一般不会选择较高的加速电压。通常情况下，对于分析轻元素来说，加速电压的值不应太高；当分析容易受到碳污染的样品时，应选择不低于 10 kV 的加速电压。电子束直径是通过电子束聚焦来实现的。电子束直径越大，偏离罗兰圆的面积在电子束照射范围内的比例越高，导致定量分析的结果偏差也越大。通常情况下，进行定量分析时，电子束直径一般不超过 20 μm。

（4）定量分析的流程。

利用电子探针进行定量分析的操作流程可以分为三个步骤：第一，确定待测样品中所要分析的元素，同时选择好合适的标样；第二，在相同条件下测量待测样品和标样中各元素的特征 X 射线的强度；第三，对结果进行校正，同时进行数据处理。

① 确定分析元素，并选择标样。在确定待测样品中所要分析的元素时，最主要的是尽量避免特征 X 射线的相互干扰。例如，当两个元素的原子序数相近时，一个元素的 Kβ 线会与另一个元素的 Kα 线相重叠。另外，某些重元素的 L 系会与轻元素的 Kα 相重叠。当发生这种情况时，需要删除一些研究意义不大的元素，同时选择合适的特征 X 射线线系。

选择标样的原则是尽可能与待测样品一致。所谓一致，有两个方面含义：第一，标样的结构和性质与待测样品尽可能相同或相近，如分析金属材料时，尽可能选用金属标样（纯元素或合金）；第二，标样中元素的浓度要尽可能地与待测样品中的相近。

② 在相同条件下完成测量。相同条件至少应包括相同的工作电压、相同的束斑直径、相同的束流大小及相同的分光晶体。因为后续的校正计算过程都是基于相同条件进行的。如果在不同条件下进行测量，那么无法进行全面的校正计算，得出的结果也是不准确的。

③ 校正和数据处理。这部分内容都可以在电子探针软件中自动完成，仅在个别情况下，需要手动做出调整。

5.2.2　电子探针的分析方法

电子探针的分析方法主要包括表面微观形貌分析、定点定性和定量分析、线扫描分析和面扫描分析四种。

5.2.2.1　表面微观形貌分析

利用电子与样品交互所产生的信号——二次电子和背散射电子，可以对样品表面进行微区分析。其中，二次电子像是表面形貌衬度，它是将对样品表面形貌变化敏感的物理信号作为调节信号而得到的一种像衬度。二次电子像分辨率比较高，适用于显示形貌衬度。由于背散射电子的强度与原子序数有直接关系，因此可以利用背散射电子像得到样品的表面成分信息和形貌信息。

5.2.2.2 定点定性和定量分析

电子探针可以对材料选定的微区做定点的全谱扫描，进行定性、半定量和定量分析。首先，用光学显微镜进行观察，将待分析的样品的微区移动到视野中心；然后打开电流，使聚焦电子束固定照射到待测点上，用能谱仪或波谱仪对试样发射的 X 射线进行展谱，得到该点的 X 射线能量色散谱图或波长色散谱图。根据谱图上的峰位，可以得知各特征 X 射线的波长或能量，即可确定样品中所含元素的种类，即定点定性分析。在定点定性分析的基础上，通过测定各元素主要特征 X 射线的强度值，并与已知成分的标样的对应谱线强度值进行对比，经过修正后，可以对元素进行定点定量分析。

5.2.2.3 线扫描分析

线扫描分析是指使聚焦离子束在样品待测区内选定直线进行慢扫描，从而获得该条直线上元素含量变化的线分布曲线。将线分布曲线和二次电子像或背散射电子像结合起来对照分析，可以直观地得到元素在不同相或区域内的分布。岛津 EPMA–1600 可以选择沿 X 轴或者 Y 轴方向进行线扫描分析。

在线扫描分析中，线的高度可以代表元素的含量，同种元素在相同条件下能够定性地比较含量的变化；但是元素的峰高不能代表元素含量的高低，这是因为不同元素产生的 X 射线的产额不同。需要注意的是，即使元素含量没有变化，沿扫描线的元素分布通常也不是一条直线，这是由 X 射线计数统计的涨落引起的。

5.2.2.4 面扫描分析

面扫描分析是指用聚焦电子束在样品表面的待测区做面的扫描，将该区域内所含元素及其分布状况分别用扫描图像显示出来，每种元素对应一种面分布图。若样品的待测区中某种元素含量较高，则扫描图像中相应区域的亮点较密集。因此，可以根据图像中亮点的疏密和分布，基本确定该元素在样品中的分布情况。

5.2.3 电子探针的参数选择

理想的实验结果不仅依赖于对样品的充分处理，而且与实验参数的选择有着密切关系。最主要的实验参数有加速电压、电子束流、分光晶体及束斑大小。

5.2.3.1 加速电压

加速电压的选择原则是要大于被分析元素的临界激发电压，一般加速电压为元素临界激发电压的2~3倍。若加速电压选择过高，会导致电子束在样品深度方向和侧向的扩展增加，使特征X射线激发体积增大，从而使空间分辨率下降；同时，过高的加速电压将使背底强度增大，影响微量元素的分析精度。

5.2.3.2 电子束流

特征X射线的强度与入射电子束流有关，为了提高X射线的信号强度，电子探针必须使用较大的入射电子束流，特别是在分析微量元素或轻元素时，更需要选择较大的束流，以提高分析灵敏度。在分析过程中，要保持入射电子束流稳定，在定量分析同一组样品时，应保证入射电子束流条件完全相同，使获得的分析结果更加精确。

5.2.3.3 分光晶体

要根据样品中待分析元素及X射线线系等具体情况，选用合适的分光晶体。常用的电子探针分光晶体及其检测波长的范围如图5.2所示。将这些分光晶体配合使用，可以完成元素铍（序号4）到铀（序号92）的相关分析。

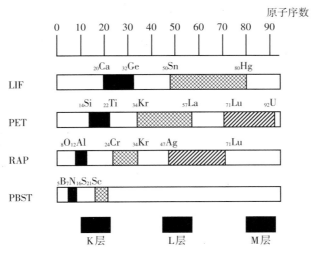

图5.2 电子探针分光晶体及其检测波长的范围

5.2.3.4 束斑大小

在电子探针成分分析过程中，束斑大小一般选择1 μm左右。当分析某些尺寸较小的相或者夹杂物时，要尽可能地选择较小的束斑；但在分析玻璃或有机物时，常常会选择较大的束斑，以避免造成样品损伤。束斑太大，会降低X射线的强度；束斑太小，有时达不到分析的要求。因此，要根据实际情况，选择大小合适的束斑。

5.3 电子探针的特点

5.3.1 电子探针的优势

5.3.1.1 显微结构分析

电子探针利用高能电子束激发分析的样品，通过电子与样品的相互作用而产生的特征 X 射线、二次电子、背散射电子、吸收电子及阴极荧光等信息来分析样品中的微区成分、形貌等信息。它可以很好地将样品的微区成分信息和显微结构对应起来，是一种典型的显微结构分析。

5.3.1.2 元素分析范围广

电子探针一般能分析的元素范围可以从硼（B）到铀（U）（原子序数：4~92）。由于电子探针的成分分析是利用元素的特征 X 射线进行的，而氢（H）和氦（He）原子只有 K 层电子，不能产生特征 X 射线，因此不能利用电子探针进行成分分析；锂（Li）虽然能产生 X 射线，但产生的特征 X 射线波长太长，通常无法进行检测。

5.3.1.3 可以实现定量分析且准确性高

电子探针是目前微区元素定量分析仪器中较准确的仪器，其检测极限（能检测到的元素最低浓度）一般质量百分比为 0.01 ~ 0.05，能做轻元素、"痕量元素"及重叠峰存在时的分析。

5.3.1.4 分析速度快且不会损坏样品

目前，电子探针均与计算机联机，可以实现对数据的自动处理和分析。对表面不平的大样品进行元素面分析时，还可以自动聚焦分析。随着辅助计算机技术的发展，原来定量中复杂的修正计算问题得到解决，无论是进行定性、定量分析，还是进行其他分析，速度都非常快。此外，电子探针的分析方式多样化，可以进行点、线、面分析。

电子探针在分析过程中一般不损坏样品，样品分析后，可以完好保存或继续进行其他方面的分析测试，这对于文物、古陶瓷、古硬币等稀有样品的分析尤为重要。

5.3.1.5　应用范围广

现代电子探针的应用非常广泛，对任何一种在真空中稳定的固体（如金属、硅酸盐材料、医学样品、纤维、氧化膜、涂层、废气颗粒、文物、油漆等），均可以用电子探针进行成分分析和形貌观察，尤以在材料科学、地质学、矿物学及冶金学等领域的应用最为广泛和活跃。

5.3.2　电子探针的局限性

5.3.2.1　元素分析中的局限性

电子探针在金属材料的微量元素分析中，可以提供很多有价值的信息，但当元素含量很低时，测试数据的误差相对较大。另外，电子探针没有统一的标样，在定量分析时，用不同标样测出的元素含量不尽相同，因此无法评估它们的准确度和精确度。

5.3.2.2　二次荧光效应

当分析点位置靠近两相边界时，电子束与样品作用产生的 X 射线会激发邻近相所含元素的特征 X 射线，这种现象称为二次荧光效应。人们需要通过大量的实验来调节分析测试条件，如降低电压或电流来减弱二次荧光效应的影响。

电子探针虽然还存在一些问题，但它仍然是目前进行微区定量分析较可靠的仪器，不管是分析过程还是修正的物理模型都比较完善，所得结果也是可靠的，因此电子探针得到了较为广泛的应用。

5.4　电子探针的系统构成

电子探针利用电子束轰击样品表层，从而在样品表层微区内激发元素的特征 X 射线，根据特征 X 射线的波长和强度，进行微区化学成分定性或定量分析。电子探针通常配有二次电子和背散射电子信号检测器，兼有组织形貌和微区成分分析两方面功能。电子探针与扫描电镜的系统结构相似的地方在于，二者都是由电子光学系统、信号收集和显示系统、真空系统、图像显示和记录系统、计算机控制系统、冷却循环水系统及电源供给系统组成的，本书第 3 章对此进行了详细的介绍，在此不再赘述；二者的不同之处在于，电子探针的系统构成中还有重要的两环，即X射线分光系统和X射线检测和记录系统。电子探针的系统结构图见图5.3。

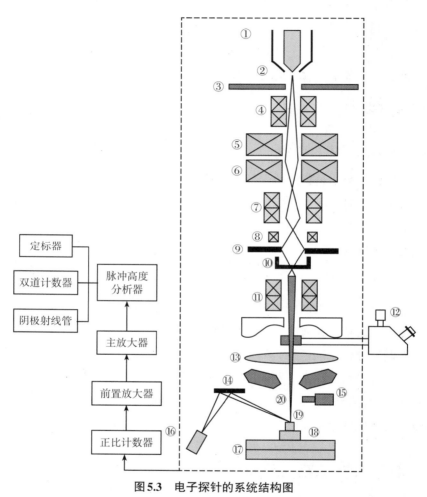

图5.3　电子探针的系统结构图

①电子枪；②栅极；③阳极；④第一准直线圈；⑤第一汇聚透镜；⑥第二汇聚透镜；

⑦第二准直线圈；⑧像散线圈；⑨物镜光阑；⑩法拉第杯；⑪扫描线圈；⑫光学显微镜；

⑬背散射电子检测器；⑭物镜；⑮二次电子检测器；⑯X射线检测器；⑰样品台；

⑱样品架；⑲样品；⑳电子束

5.4.1　电子光学系统

电子探针的电子光学系统是由电子枪、电磁透镜、扫描线圈和样品室等组成的，其主要作用是产生一定能量的电子束、足够大的电子束流及比较小的电子束直径，最终形成一个稳定的X射线激发源。

与扫描电镜明显不同的是，电子探针在镜筒部分有光学显微镜。它的作用是选择和确定分析点。其方法是先将能发出荧光的材料（如ZrO_2）置于电子束轰击下，从而观察到电子束轰击点的位置，再通过样品移动装置把它调整到光学显微镜目镜十字线交叉点上，这样就能保证电子束正好轰击在分析点上，同时保证分析点处于X射线分光谱仪的正确位置。

5.4.2　X射线分光系统

X射线分光系统分为两种：一种是利用分光晶体（布拉格衍射定律）检测特征X射线波长的波谱仪，它是电子探针主要的检测方式；另一种是利用硅半导体检测器直接检测X射线能量的能谱仪。一般将能谱仪作为附件安装在扫描电子显微镜上检测元素，有时也将其用作电子探针的辅助检验手段。这部分内容在第5章电子探针的工作原理中也有详细的介绍。

5.4.3　X射线检测和记录系统

X射线检测和记录系统可以准确地显示和记录X射线探测器所测定的X射线脉冲信号，具有噪声低、频带宽和分辨率高等特点。该系统主要由X射线探测器（常用正比计数器和闪烁计数器）、前置放大器、主放大器、脉冲高度分析器、双道计数器、定时器和显示单元等组成，如图5.4所示。

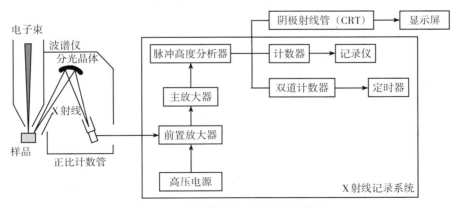

图5.4　X射线检测和记录系统结构图

该系统的工作过程为：分光晶体产生的X射线进入正比计数器，由正比计数器出来的信号进入前置放大器和主放大器，并在脉冲高度分析器中进行脉冲高度分析，脉冲高度分析器中的输出脉冲送入双道计数器计数，同时脉冲高度分析器及速率表的输出信号经过图像选择器，在阴极射线管 CRT 上显示出一维（线轮廓）或二维（X 射线像）的 X 射线强度分布。

5.5　电子探针的制样技术

5.5.1　样品要求

电子探针的样品一般只限于固体样品，包括金属、矿物、陶瓷及生物样品等，同时要求这类固体样品不能释放出蒸汽或气体。当然，对与金属一起形成的化合物或者样品吸附的非游离气体来说，是可以作为分析对象进行测量的。

分析样品大小的最大限度，是由仪器尤其是样品室和样品座的大小来决定的，但是从分析操作的角度和测量的精准性来说，一般要求样品表面光滑平整。同时，样品要具有较好的导电和导热性能。对于导电和导热性能不好的样品，样品的表面会在入射电子的轰击下形成电荷积累，造成电子束的不稳定，并且经常放电的行为会使分析和图像观察无法进行。因此，对于导电性能不好的样品，可以采取在其表面喷金、喷碳等方式来增加样品的导电性。

5.5.2　块状样品的制备

块状样品可以用环氧树脂等镶嵌后，进行研磨和抛光。较大的块状样品也可以直接研磨和抛光，尺寸小的样品只能镶嵌后再加工。多孔或较疏松的样品须采用真空镶嵌的方法，这种方法可以有效地避免其在研磨和抛光过程中脱落，同时可以避免抛光物进入样品孔内引起污染。样品研磨、抛光时，要根据样品材料选用不同粒径、不同材料的抛光剂（抛光膏、抛光粉）。

抛光剂的粒径从几微米到零点零几微米，抛光以后，必须把抛光剂等污染物用超声波清洗机清洗干净。对于易氧化或在空气中不稳定的样品，制备后，应立即分析。应防止油污（或其他碳氢化合物）和锈蚀污染待分析样品。

对于不导电的样品，最好在样品加工完毕后，立即蒸镀金或者碳等导电膜，镀膜后，应马上分析，以避免表面污染和导电膜脱落。一般来说，进行形貌观察时，蒸镀金导电膜，因为金导电膜的导电性好、二次电子发射率高，可以拍摄出质量好的图像。如果进行成分定性、定量分析，必须蒸镀碳导电膜。

5.5.3　粉末状样品的制备

粉末状样品可以直接撒在样品座的双面碳导电胶上，用平的表面物体（如玻璃板）压紧，然后用压缩空气吹去黏结不牢固的颗粒。当颗粒比较大时，可以寻找表面尽量平的大颗粒分析，也可以将粗颗粒粉体与环氧树脂等镶嵌材料混合后，通过粗磨、细磨及抛光制备。当粉末样品较少时，在分析过程中要选择粉末堆积较厚的区域，避免激发出导电胶或者样品底座的成分。

5.6　电子探针的操作步骤及应用

5.6.1　电子探针的操作步骤

下面将以岛津EPMA-1600为例，总结其每部分功能的操作步骤。

（1）开机。打开电源总开关→打开循环冷却水开关→打开气瓶，注意观察循环冷却水的温度及设备流量计的数值；一切正常之后，打开设备电源（设备右后面的五个电源)→逐渐打开RP-DP中间的手动阀→打开工作站电源，进入EPMA系统。设备开始自动抽真空，直至系统中的"operate"按钮颜色变绿，表示设备真空已达到要求，可以进行下一步操作。

（2）设置电压为15 kV，等待灯丝稳定，一般需等待1 h左右。

（3）通过氧化锆（ZrO_2）进行设备合轴，之后设置灯丝的饱和点。

（4）观察二次电子图像。将探头移动到待测样品的上方，调整B.C.电流在0.2 nA左右，选择信号为二次电子信号，打开灯丝电流，选择合适的放大倍数聚焦图像，直至拍出理想的图像，保存图像。

（5）观察背散射电子图像。将探头移动到待测样品的上方，调整B.C.电流在20～30 nA，选择信号为背散射电子信号，打开灯丝电流，选择合适的放大倍数聚焦图像，直至拍出理想的图像，保存图像。

（6）定性分析。通过波谱仪，对选中的一个点进行元素分析。打开定性分析的设置界面，设置如下参数：B.C.电流为100 nA，束斑大小为10或者20。设置好后，将相关参数导入系统，同时选择相应的修正情况：ZAF1代表Fe-C修正，ZAF2代表不使用相关的修正算法，ZAF3代表氧化物修正，ZAF4代表合金修正（相对来说是最常用的一种修正算法）。最后根据实际情况，设置好定性分析的时间及每个通道所选用的晶体，点击"run"按钮，等待分析结果。通道及晶体默认项对应关系如下：通道1（CH1）对应RAP晶体，通道2（CH2）对应PBST晶体，通道3（CH3）对应PET晶体，通道4（CH4）对应LIF晶体。

（7）定量分析。利用EPMA-1600进行定量分析的流程如下：第一，对待测样品进行定性分析，确定好待测样品中的元素等；第二，选择合适的标样；第三，测量标样的特征X射线的强度；第四，测量待测样品的特征X射线的强度，同时计算得出待测样品中元素的含量。

在系统中调出定量分析的标样参数设置界面，设置相关参数：加速电压为15 kV，B.C.电流为10～20 nA，束斑大小为10或者20，设置好后，将相关参数导入系统。在"Periodic Table"中添加要分析的元素，同时输入标样的具体位置及相应元素对应的含量，最后设置好测试时间，点击"run"按钮，等待标样的测量结果。

在系统中调出定量分析的待测样品参数设置界面，设置相关参数：加速电压为15 kV，B.C.电流为10～20 nA，束斑大小为1，设置好后，将相关参数导入系统。导入标样品的测量结果，等待待测样品的测量结果。若待测样品元素的质量分数在98%～102%，则可以认为结果是正确且可靠的。

（8）线扫。打开线扫的设置界面，设置相关参数：B.C.电流为100 nA，束斑大小为1。线扫方向分为X轴（从左到右扫描）和Y轴（从右到左扫描）两种，通常选择X轴扫描。扫描方式通常选择"Center"，即从中心点开始，向左扫描0.5个长度单位，向右扫描0.5个长度单位。扫描的移动方式有样品台移动和探针移动两种。根据实际需求设置扫描时间、选择合适的通道及通道对应的晶体，点击"run"按钮，等待分析结果。

（9）面扫。打开面扫的设置界面，设置相关参数：加速电压为15 kV，B.C.电流为100 nA，束斑大小为1，扫描方式通常选择"Center"。根据实际需求设置扫描时间，同时在"Periodic Table"中添加要分析的元素，选择合适的通道及通道对应的晶体，点击"run"按钮，等待分析结果。

（10）关机。首先进行样品台初始化和4道谱仪初始化；其次关闭灯丝电流，将加速电压设置为0，关闭软件，退出系统；第三，关闭工作站电源，观察设备主体上V5、V8和dpHeat三个指示灯变亮，大约2 h后，dpHeat指示灯变灭、V7指示灯变亮；第四，逐渐关闭RP-DP中间的手动阀→依次关闭设备主体右后面的五个电源→关闭气瓶→关闭循环冷水电源→关闭总电源。

5.6.2　电子探针的应用

电子探针显微分析的主要特点是微区分析，几乎可以分析一切固体材料，特别是对微米数量级材料的分析，这是其他分析方法难以胜任的，因此被广泛地应用于多个领域，具体介绍如下。

（1）在材料冶金学中的应用：可以用来分析金属材料的微区化学成分、显微组织等。

（2）在微电子中的应用：可以对电路板中的微量元素进行精确的定量分析。

（3）在地质、矿物方面的应用：可以定性地分析矿物中的元素成分，同时定量地给出矿物晶体结构方面的信息。

（4）在生物学、医学及法学中的应用：对于一些样品中含量较低的元素，可以通过电子探针来完成精确的定量分析，如结石的成分分析，被盗、被烧珍贵文物的表面结构及元素含量等。

5.7　电子探针的维护和保养

电子探针的日常维护与保养与扫描电镜的日常维护与保养基本相同，也是从实验室卫生、温度、湿度、真空系统的保养、冷却水的检查及空压机的检查等方面着手，具体的维护和保养措施可以参考第4章的相关内容，此处不再赘述。

5.8　小结

通过学习本章内容，学生可以掌握如下知识点。

（1）电子探针之前被称为X射线微区分析仪（X-ray microanalyzer，XMA），现在更多地被称为电子束微区分析仪（EPMA）。EPMA的工作原理主要是通过被施加高压的电子束与样品待测面相互作用，从而产生携带样品信息的X射线、二次电子、背散射电子、俄歇电子、红外-紫外光及可见光子等信号，通过检测器对这些信号进行搜集和放大，完成对样品的微区分析。

（2）电子探针有四种基本工作方式：二次电子和背散射电子图像可以用来观察样品的微观形貌；点分析用于选定点的全谱定性分析或定量分析；线分析用于显示元素沿选定直线方向上的浓度变化；面分析用于观察在选定微区内的元素浓度分布。

（3）在进行定量分析之外的分析时，样品要求与扫描电镜的要求基本一致；但进行定量分析时，还需要注意以下四点：① 只有建立在定性分析的基础上，定量分析才有意义；② 标样选择合适；③ 待测样品成分均匀；④ 选择合适的校正方法进行校正。定量分析常用的校正方法有 ZAF 校正、α 因子校正、B.A.方法校正及曲线法校正，它们的目的都是将特征 X 射线强度比转换为元素的真实质量浓度。

（4）X 射线谱仪有两种：一种是波谱仪，另一种是能谱仪。岛津 EPMA-1600 配备的 X 射线谱仪是波谱仪。

（5）针对不同的分析，要选择合适的参数进行实验。首先是加速电压的选择。通常情况下，在做点、线、面的定性和定量分析时，选择 10～20 kV 的加速电压；在观察二次电子像和背散射电子像时，可以选择 15～25 kV 的加速电压。其次是电子束流的选择。通常情况下，在进行定性分析时，要选择较大的电子束流，其范围在 50～300 nA；在进行定量分析时，电子束流范围为 5～10 nA；在做线分析和面分析时，电子束流范围为 5～100 nA；在做二次电子像的微观分析时，电子束流范围为 0.001～0.300 nA；在做背散射电子像的微观分析时，电子束流必须大于 0.1 nA。最后是分光晶体的选择。要结合所要分析的元素及分析时长，选用合适的通道及通道对应的分光晶体。

第6章　离子减薄仪

6.1　离子减薄仪简介

透射电子显微镜（TEM）利用穿透样品的电子束成像，能够以原子尺度的分辨能力，提供材料的显微组织、结构、成分等方面的信息，其在现代科学、工程技术及生物医学等领域得到日益广泛的应用。可供 TEM 观察的样品种类有很多，在材料科学研究领域的样品主要包括粉末样品、块状样品和薄膜样品等。TEM 要求样品对于电子束是"透明"的，通常样品观察区域的厚度以控制在 100 nm 以下为宜，这给样品制备带来一定的困难。如果制备不出既薄又无损伤的可供观察的样品，即使再先进的 TEM 也无能为力。换言之，TEM 应用的深度和广度在一定程度上取决于样品制备技术。因此，TEM 样品制备在透射电子显微学研究中具有非常重要的地位。

目前，行业中已发展出多种用于透射电镜样品制备的方法，如电解双喷、超薄切片、聚焦离子束（FIB）和离子减薄等。其中，离子减薄技术是近十几年发展起来的一项新技术，它不仅能满足制备金属和非金属样品的需要，而且能满足研究多相材料、半导体材料、耐火陶瓷材料和超高分辨技术等的特殊需要。采用这一制样技术，需要比较复杂的专用设备——离子减薄仪。

如图 6.1 所示，Gatan695 型精密离子减薄仪（PIPS Ⅱ：Preci-

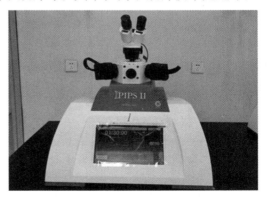

图6.1　Gatan695型精密离子减薄仪全貌图

sion ion polishing system）是目前市面上使用率较高的减薄设备之一。它具有操作简便和制样速度较快等优点，同时其制备的样品具有薄区面积大、样品无污染、电子透过性好等特点。

6.2 透射电镜的样品制备方法

6.2.1 粉末样品的制备

粉末样品即原始样品为粉末状的样品，如炭黑、黏土及溶液中沉淀的微细颗粒，其粒径一般在 $1~\mu m$ 以下。该类样品的制备方法包括支持膜的制备和粉末均匀分布于支持膜上的方法。所谓支持膜，即在载网上覆盖的一层有机膜。当样品在接触载网支持膜上时，可以很牢固地吸附在支持膜上，不至于从载网的空洞处滑落，以便在电镜上进行观察。在支持膜上喷碳，可以提高支持膜的导电性，实现良好的导电效果，使观察结果更加清晰。

支持膜的制备方法具体可以描述为：① 配制质量分数约为3%火棉胶的醋酸戊酯溶液；② 将直径大于100 nm的玻璃培养皿底部放一张滤纸，注入蒸馏水，再将铜网适距放在培养皿底部的滤纸上，铜网的粗糙面朝上；③ 用滴管将火棉胶溶液滴一滴进入蒸馏水，火棉胶溶液瞬时在水面上展开，将浮在水面上的第一次膜除去，再制备第二次干净的膜，用吸管沿培养皿边缘伸入水中，将蒸馏水慢慢吸干，火棉胶薄膜随之下沉，最终吸附在铜网的滤纸上；④ 将附着在铜网和火棉胶的滤纸放在真空镀膜台中，进行喷碳处理，之后划开铜网周围的膜和滤纸，即可得到火棉胶-碳复合支持膜。

支持膜制备好之后，即可制备粉末样品的透射样。具体方法如下：取少许粉末样品，将其置于无水乙醇或其他有机溶剂中，利用超声波震荡10 min左右后，用移液枪均匀地滴在制备好的支持膜上，待整体干燥后，即可进行透射电镜观察。

6.2.2 块状样品的制备

由于透射电子束一般只能穿透100 nm以下的薄层样品，并且透射样品台只可以放入直径为3 mm的圆片。因此，需要将块状的样品通过切割、研磨与抛光、凹坑和离子减薄的方法制备成块状样品的透射样。其流程示意图见图6.2。

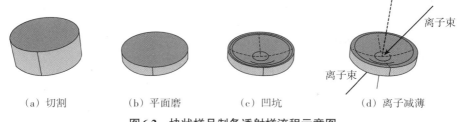

（a）切割　　　　（b）平面磨　　　　（c）凹坑　　　　（d）离子减薄

图6.2　块状样品制备透射样流程示意图

6.2.2.1　切割

　　块状样品主要分为脆性材料和塑性材料。其中，脆性材料（如陶瓷、半导体等）容易开裂，磨样时，动作要轻柔，可以用超声切割的方法来获得直径为3 mm的圆片。超声切割的原理是以一定的频率在样品上振动管状切割工具，通过这种高频的振动，使泥浆中的研磨颗粒作用于样品，从而切割出一个圆形压痕，直至从样品上切割下圆片。常用的超声波圆片切割机为Gatan601型号，如图6.3所示。塑性材料的延展性好，磨样时相对容易，可用冲孔器获得直径为3 mm的圆片。冲孔器如图6.4所示。

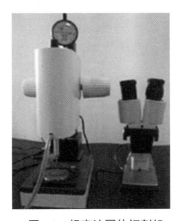

图6.3　超声波圆片切割机

图6.4　冲孔器

6.2.2.2　研磨与抛光

　　在进行样品抛光时，可依次使用粒度为p1000—p1500—p2000的砂纸进行研磨，应采用不断变换样品角度或者沿8字形轨迹的手法进行手工平磨，这样可以有效地避免过早出现样品边缘倾角；当然，也可以采用Gatan623手动研磨盘对样品进行研磨，之后可用1μm金刚石抛光膏对其进行抛光。Gatan623

手动研磨盘如图6.5所示。通过研磨与抛光，最终可以得到厚度为 $70 \sim 80 \ \mu\mathrm{m}$ 的圆片，为下一步凹坑做好准备。

图6.5　Gatan623手动研磨盘

6.2.2.3　凹坑

为了提高电镜样品的质量，使样品有大面积薄区，需要对样品进行凹坑。通过凹坑，可以使样品的中心部减薄至几微米的厚度，从而缩短离子减薄的时间。常用Gatan656凹坑仪对样品进行凹坑。凹坑示意图见图6.6。

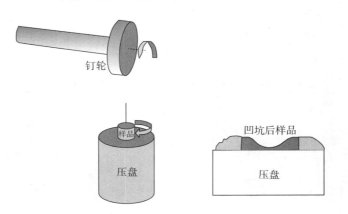

图6.6　凹坑示意图

在离子减薄中，由于离子束的入射角很小，因此要密切注意凹坑后的样品边缘是否会遮挡样品的中心部分。在实际应用过程中，采用不同的钉轮直径可以获得不同的凹坑深度，随着钉轮直径的增加，起始样品的厚度应逐渐减少。大的钉轮直径可以获得大面积的薄区，但会使样品更加脆弱，容易损坏。常采用15 mm直径的轮子对离子减薄的样品进行凹坑处理。

6.2.2.4　减薄

为了制备高质量的块状样品的透射样，即使样品有大面积的连续薄区，在离子减薄过程中，常采用大角度大电压减薄至样品出孔，采用小角度小电压对样品进行修整。相关内容将在6.4节中进行详细讲解。

6.2.3　薄膜样品的制备

薄膜样品分为两部分：平面样品和截面样品。其中，平面样品的透射样制备与块状样品的透射样制备流程相同，此处不再赘述。下面将针对薄膜样品中截面样品的透射样制备过程展开详细说明。薄膜样品中的截面样品的透射样制备过程如图6.7所示。

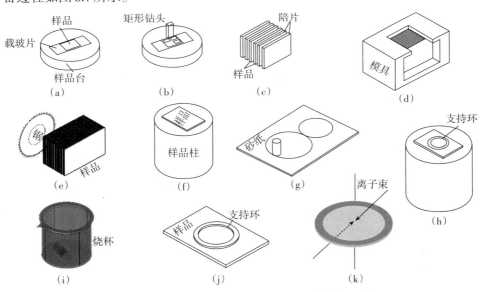

图6.7　薄膜样品中的截面样品的透射样制备过程示意图

6.2.3.1　切割样品

通常情况下，脆性衬底上的薄膜样品中，膜与衬底的总厚度约为0.5 mm，因此可以直接采用金刚石刻刀或超声波切割机的矩形切割钻头对样品进行切割。

将样品台放在130 ℃的加热台上加热5 min，用石蜡把载玻片黏到样品台上，再将载玻片上涂少量石蜡，把样品黏到载玻片上，旋转样品，使石蜡分布均匀，如图6.7（a）所示。将样品切割成4～5片相同大小的矩形样品条，若样品较少，可以先切两片相同大小的样品，再切两片相同大小的硅片或玻璃片用作陪片即可，如图 6.7（b）所示。

6.2.3.2　对黏固化样品

将切割好的矩形样品条的表面用无水乙醇或丙酮等有机溶剂清洗干净，可以直接用棉签蘸取有机溶剂来擦洗样品条的表面或将样品条浸入有机溶剂中，利用超声波清洗，目的是去除石蜡及样品表面的污垢，防止制样过程中样品被污染。

按照比例配制好商用 G-1 胶，混合均匀后，将两片矩形样品条的待观测表面涂上一层很薄且均匀的 G-1 胶，将这两片矩形样品条对黏到一起。之后，利用相同的方法，将剩余的矩形样品条或陪片都对黏到一起，从而得到层叠矩形薄片的块状样品，如图 6.7（c）所示。然后，将其放入特定的模具，用弹簧夹将模具与样品夹紧，放置在 130 ℃的加热台上加热 10 min，自然状态下冷却至室温，如图 6.7（d）所示，这样，可以使薄片之间的胶体比较薄，且黏合后薄片之间的结合比较牢固。

6.2.3.3　切割薄片及研磨样品

利用慢速锯将对黏固化后的截面样品切割成厚度约为 0.5 mm 的薄片，如图 6.7（e）所示，可以切割 2～3 片备用，之后对截面薄片的一面进行抛光处理。用石蜡将截面薄片粘贴到样品柱上，如图 6.7（f）所示。用牙签轻压截面薄片，使石蜡在样品中间分布得薄且均匀。

将样品柱放入手动研磨盘，开始手动研磨样品。为了保护截面处的薄膜，一般采用沿垂直于截面的方向来回研磨，如图 6.7（g）所示。先用粗砂纸，再换细砂纸，砂纸越细，机械损伤越小，但是研磨时间会越长。当研磨至样品厚度的一半左右时，对样品进行抛光。需要注意的是，在研磨和抛光过程中，要及时冲洗样品和砂纸，避免研磨留下来的颗粒损伤样品表面。

样品抛好光后，需要放到样品台上加热，石蜡融化后，将样品翻面，再用相同的方法研磨和抛光样品的另一面，直至样品的厚度满足要求，切记研磨过程中力度要轻、动作要慢，要养成随时查看样品的习惯，这样可以第一时间判断样品是否被磨碎。

6.2.3.4　贴环及修整样品

当样品厚度研磨至 50 μm 以下时，可以忽略凹坑的步骤，但若样品厚度太厚，则需要对其进行凹坑处理，具体方法在 6.2.2 节中有详细的介绍。当样品厚度满足要求时，可以直接粘贴支持环，常用的支持环有铜环、钼环、镍环和金环等，至于具体使用哪种支持环，要根据样品的材质和测试要求来选择。

首先，根据研磨后样品的大小，选择合适内孔径的支持环，用1:1的AB胶黏到样品上，轻压去除环外多余的AB胶；否则，过多的AB胶会影响后续的离子减薄效果，如图6.7（h）所示。其次，样品在粘贴好支持环后，与样品柱一起放到加热台上固化，待样品和样品柱之间的石蜡完全融化后，样品和支持环间的AB胶已经固化，从样品柱上取下样品，放入丙酮等有机溶剂中30 min左右，清除掉样品表面的石蜡。由于样品太薄，可以在烧杯底部放置一张滤纸，方便取出样品，如图6.7（i）所示。

粘贴支持环是为了支撑样品，用AB胶粘贴支持环而不用石蜡是为了防止支持环在丙酮等有机溶剂中浸泡时脱落。另外，G-1胶相对成本较高。

由于透射电镜中只能放入直径为3 mm的圆片，因此在粘贴好支持环并清洗干净后，如果样品比直径为3 mm的支持环大，那么还需要对其进行修整。可以用手术刀沿着支持环的形状切掉支持环以外多余的部分，将样品切成直径为3 mm的小圆片，如图6.7（j）所示。如果样品易碎，可以在另一面也粘贴支持环后，再进行切割，这样可以很好地支撑和保护样品。

6.2.3.5 离子减薄

在离子减薄过程中，参数的设置将直接影响透射电镜截面样品最终是否有薄区及薄区面积的大小。离子减薄的主要参数有离子束入射角度和离子束能量（电压）大小，两者均需根据样品材质来选择。通常情况下，先选择高电压、大角度进行减薄，样品出孔后，再降低电压和角度，这样可以最大限度地获得薄区，同时减小离子束对样品的损伤，如图6.7（k）所示。具体的参数设置可以参考6.4节内容。

6.3　离子减薄仪的工作原理及系统构成

6.3.1　离子减薄仪的工作原理

现代离子减薄仪虽然应用了昂贵的专用计算机自动控制系统和更加精密的元器件，使操控更加精准便捷，自动化程度颇高，但其最基本的减薄加工原理

并未改变，即通过启动自身带有的真空系统，将工作舱的真空值控制稳定在
5×10^{-4} Pa的高真空度环境下，给离子枪充入一定压力值的高纯氩气，加上高
电压，利用高压对氩气进行电离。此时高纯氩气在离子枪内被高电压电离，并
加速形成高能量的氩离子束流，对需要减薄样品的表面以某一设定入射角度连
续不断轰击，当氩离子束流的轰击能量大于样品材料表面原子的结合能时，其
样品表面原子受到氩离子击发而引发溅射。通过这种连续不断的轰击、溅射、
研磨、减薄的过程，从而获得适合透射电子显微镜观测的薄膜样品，减薄后的
薄膜厚度可以达几纳米至几百纳米。图6.8为离子减薄仪工作原理图。其中，图
6.8（a）为离子减薄仪减薄样品原理图，图6.8（b）为离子枪减薄样品工作示意
图。

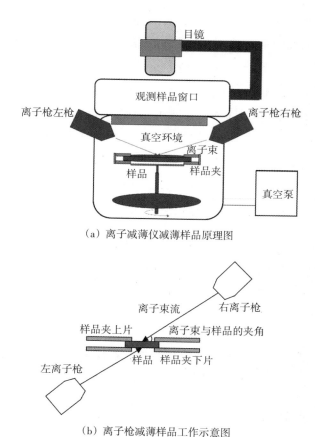

（a）离子减薄仪减薄样品原理图

（b）离子枪减薄样品工作示意图

图6.8　离子减薄仪工作原理图

目前，人们利用离子减薄仪所制备的透射电镜及扫描电镜样品不仅能满足

制备金属、非金属的一般要求，而且能满足多相组织、多孔组织、半导体等材料（如陶瓷、矿石、硅等）的样品制备需求，还适用于超高分辨技术分析应用。

6.3.2　离子减薄仪的系统构成

图 6.9 所示为 Gatan695 型精密离子减薄仪正视图。通常情况下，Gatan695 型精密离子减薄仪主要由泵系统、抽气管道、电路系统、主工作腔、用户操作界面等部分构成。

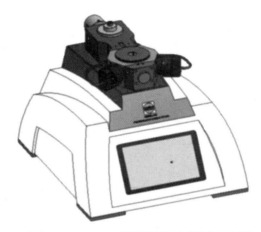

图 6.9　Gatan695 型精密离子减薄仪正视图

（1）泵系统。

Gatan695 型离子减薄仪配有无油真空系统，它由一个分子泵和一个两级隔膜泵组成。真空系统用于在仪器电源关闭后保持真空，当仪器电源重新被打开后，又能重新快速获得所需真空。两级隔膜泵可以预抽真空，使真空维持在低于 100 Pa 的状况下。通过分子泵和隔膜泵两个泵共同工作，维持样品仓内的压力在 1×10^{-4} Pa。压力从大气环境到仪器工作的真空环境只需 15 min。控制电路的冷却由风扇控制。

（2）抽气管道。

抽气管道由冷阴极真空规和分子泵组成，使工作室中的碎屑尽可能少地进入泵内。气压通过冷阴极真空规管道进行监视，气压管道只有在分子泵达到正常的转速后，才能被打开。

（3）电路系统。

Gatan695型离子减薄仪系统的离子束最大能量为8 keV，这样的能量范围既优化了样品的减薄速率，又减少了样品的辐射或受热损坏。整个抽真空腔体内部是通过风扇制冷的，将风扇分散安装在分子涡轮泵的背面。系统所有的供电都是由24 V直流电源提供的；同时，为获得各个能量下最好的离子束流效果，高压电源、加速电压及聚焦电压这三个电压均在仪器出厂时已经提前设定。

（4）主工作腔。

图6.10所示为Gatan695型精密离子减薄仪主工作腔俯视图。主工作腔主要用来完成各类样品的减薄。将样品安装在样品台上，然后插入底座，调整离子枪的角度，可以从上、下两个方向减薄样品。同时，在减薄过程中，挡板处于关闭的位置，可以有效地阻止溅射的材料污染样品观察口。

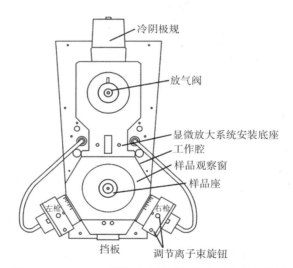

图6.10 Gatan695型精密离子减薄仪主工作腔俯视图

（5）用户操作界面。

通过触摸屏来控制整个减薄过程，设置减薄时间、减薄电压及旋转速度等相关参数；同时，可以创建工作流，将减薄参数提前设定好，自动完成样品的减薄。

6.4　离子减薄仪的使用方法及参数选择

6.4.1　离子减薄仪的使用方法

Gatan695 型精密离子减薄仪减薄样品的步骤可以分为两步，如图 6.11 所示。

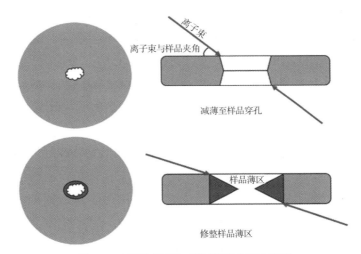

图6.11　离子减薄仪减薄样品过程示意图

第一步，减薄至样品穿孔。此步骤通常在较大离子束入射角（通常情况下选择 8°左右，两个离子枪采取一正一负角度进行配置）和较高离子束能量（通常情况下选择 5～6 keV）下进行，目的是在样品上击穿出一个中心孔。中心孔可通过光学观测系统发现，一旦出孔，应立刻进入第二步。

第二步，修整样品薄区。使用较小入射角度（通常情况下选择 4°左右）和较低离子束能量（通常情况下选择 2.5～3.0 keV）在击穿孔边缘修整出用于 TEM 实验的薄区。制样成败决定于此，多数制样失败的情况是只减出通孔而未能修整出薄区。修整完薄区后，还应该利用更低的离子束能量（低于修整能量）对样品表面进行适当的修整，去除第一步减薄过程对样品表面造成的损伤。

Gatan695 型精密离子减薄仪减薄样品的操作步骤如下。

（1）打开 Gatan695 离子减薄仪的电源，分子泵启动，隔膜泵在 30 min 后启动。操作系统一经启动，"milling"页面就会显示。

（2）点击进入维护界面（maintenance），观察分子泵频率"speed"，直至达到1500 Hz，这时注意"power"一般低于20 W，"Backing Pressure"为400 Pa左右，"Gas Line Pressure"在23 PSI左右。至此，设备正常启动。

（3）将样品台降低，并设置电压为5 keV，吹扫气流设置为"0.3 sccm"，直至真空度达到7×10^{-3} Pa以下为止。

（4）将样品台升起，插入准直荧光屏，降低样品台；在软件"milling"页面，设置旋转速度为"6 rpm"，离子枪电压为5 keV，自动气流控制，再设置离子束调制功能为关闭，时间为30 min，点击"run"按钮；旋转离子枪角度为10°；调整X轴和Z轴方向的螺丝，使亮斑中心位置对准荧光屏中心小孔；旋转样品台，并观察荧光屏中心，确保其位置不要摆动太大；旋转离子枪角度到+5°，旋转离子枪时，观察离子束的位置，离子束不应远离荧光屏中心太远。完成离子束对中。

（5）装样品。划出样品托盘，将夹式样品台安装到装卸工具中，建议佩戴手套进行操作；旋转装卸工具，将夹子打开，旋转一端的旋钮，打开夹具上臂和下臂的夹缝；将样品放入托盘上，并向前推动托盘，调整托盘位置，确保样品正好在夹具中间；反方向旋转旋钮，使样品被样品夹夹紧；再次旋转旋钮，样品夹被整个抬起，最后使用镊子将样品夹拿出。

（6）放置样品。在软件"milling"页面，向上拖动"stage tab"下的滚动条，仪器会自动地将样品台升起；点击"vent"按钮，向空气锁腔充气，并将样品夹垂直地放入样品底座，安装样品夹时，要注意用力均衡，因为用力不均可能会导致样品底座出现XY方向的移动；重新盖上空气锁盖子，在"stage tab"下向下划动滚动条，仪器开始抽真空并降低样品台；设置电压参数、角度参数、转速参数和减薄时间后，即刻点击"start"按钮，开始减薄实验。

（7）通过光学显微镜可以直接在减薄过程中观察样品，观察出孔后，即可改变角度和电压参数进行样品薄区的修整。

（8）取样。在软件"milling"页面，向上拖动"stage tab"下的滚动条，仪器会自动地将样品台升起；点击"vent"按钮，向空气锁腔充气；将样品台放入装卸工具，并确保托盘清空；旋转旋钮，打开上臂和下臂，此时样品会被放下并停在托盘上；拉出托盘，并小心取出样品。

（9）关机。关闭压力计和分子泵，直至分子泵频率降到300 Hz以下，关闭隔膜泵，最后关闭电源。

6.4.2 离子减薄仪的参数选择

离子减薄技术广泛适用于各类材料的TEM样品制备。在制备过程中，只有针对材料特点调节，并确定离子能量（电压）、离子束入射角度、离子束流、真空度和样品状态等参数，才有可能制备出薄区较大的合格样品。下面针对这五个方面进行具体说明。

（1）离子能量（电压）。

离子能量由加速电压决定，加速电压越高，离子能量越高，同时减薄的速度也就越快。但是随着电压升高，样品薄区内厚度起伏也开始严重。当电压达到一定数值后，某些不耐离子轰击的材料可能会产生辐照损伤。对于金属、耐火、矿物等材料，电压可用5~7keV，因为这些材料比较耐轰击。如果是高分子材料，电压应适当降低些。通常情况下，5keV左右的电压具有比较广泛的适用性。也就是说，对于一般固体材料，使用这一电压都比较合适。

（2）离子束入射角度。

离子束入射角度是指离子束中心线对样品表面的夹角。入射角的大小对减薄速度和样品薄区的影响最为严重。因此，通常先选择大角度减薄，在样品出孔后，改至小角度修整；也可随着减薄过程逐渐降低离子束入射角度。这样，既可加快减薄速度，又尽可能获得较大的薄区。

（3）离子束流。

离子束流对减薄速度的影响不如离子能量和离子束入射角度的影响强烈。增加电子束流可增大减薄面积，从而使被减薄区厚度比较均匀，但随着离子束流的增加，样品的温度也会升高，因此，当所制备样品对热稳定性敏感时，应特别小心，但对于耐火、陶瓷、矿物等材料的影响并不严重。值得注意的是，采用大的离子束流时，除了使样品产生升温，还会增加阴极的耗损，因为束流增加会使阴极片上的离子出射孔扩大的速度加快。使用Gatan695型离子减薄仪时，离子束流通常选择自动模式，即在设备出厂时，已经根据离子能量的不同而提前设定好离子束流。

（4）真空度。

离子是通过稀有气体在高压电场作用下发生辉光放电而获得的。这些离子由阴极出射孔冲出后，要经过较长的飞行距离，才能到达样品表面，如果工作室内的气体分子较多，就会对离子产生散射作用，使离子偏离原来的运动方向或损失能量。为避免气体分子对离子的散射作用，提高离子能量的利用率，在减薄过程中，工作仓内必须保持在 1×10^{-2} Pa 以上的真空度。

（5）样品状态。

样品在进行离子减薄前，要进行预减薄，样品的预减薄情况对离子减薄结果影响很大。如果样品太厚，不仅使减薄过程加长而浪费时间，而且往往所得样品质量也较差。这是由于用离子束减薄厚样品时造成的穿孔边缘很陡，减小了电子所能穿透的薄区。原则上，应将进行离子减薄的样品预制得越薄越好，一般应在 50 μm 以下。另外，对于金属材料而言，要密切注意在离子减薄过程中，由于离子束造成的温升问题。一旦工艺参数使用不当，可能导致材料组织结构的显著变化，甚至部分熔化。对于陶瓷材料，在减薄过程中，要注意避免出现热量聚集及由热应力诱发裂纹扩展而导致材料破碎的情况。因此，常采用较低入射角与适当的离子能量（因材料而异），以较低的减薄速率缓慢地减薄样品。

6.5 离子减薄仪的维护保养

由于样品夹采用普通不锈钢材料，被减薄的面积与减薄速率总体上要远超过样品夹中心部位的样品本身，因此减下的粉尘被吸附在真空工作舱内壁及各个重要机构部件上，如图 6.12 所示。这常常会造成离子枪高压短路，样品自转机构卡滞及摄像灯光系统的严重污染，更严重的会造成被减薄样品间的碎屑相互污染，进而影响样品材料本身各元素及含量的真实性。这种吸附于机件上的金属碎屑沉积污染很难清除，沉积过厚时，还会有崩落，因此需要对离子减薄仪进行日常维护和保养。

图6.12　减薄舱内的污染情况

6.5.1　清理观察窗口

观察窗口需要每周进行清理，此过程无需关闭Gatan695型离子减薄仪的系统，清理步骤如下。

（1）在软件"milling"页面，向上拖动"stage tab"下的滚动条，仪器会自动地将样品台升起，点击"vent"按钮进行放气。

（2）取下样品观察窗盖子，检查密封圈，如有需要，可以涂抹真空脂，并清洗观察窗口，可以用清洁剂或者 $2 \sim 4\ \mu m$ 的金刚石抛光膏进行清洁，最后用无水乙醇将清洁剂或抛光膏清洗干净，保证窗口干燥后，方可继续使用；如果污染物难以清除，那么需更换窗口。

（3）在软件"milling"页面，向下拖动"stage tab"下的滚动条，降下样品台，在大气压作用下，压实窗口。

6.5.2　清理离子枪

当观察到安培计上的放电电流值与放电电压值相近，并且加速电流非常低时，那么可以判定离子枪极大限度地短路了，这时便需要清理离子枪。清理离子枪有两种方法，即干法和湿法。

6.5.2.1　干法清理离子枪

干法清理主要是通过干的纸巾擦拭部件，然后使用干燥压缩空气或者氮气去除灰尘、金属颗粒等。这种清理方法可以减少离子枪部件暴露在空气中的时间。另外，由于没有使用有机溶剂，使用氩气吹扫的时间也大大缩短。具体步骤如下。

（1）关闭Gatan695型离子减薄仪电源，等待至少10 min，取下样品观察窗盖子。

（2）拆下枪的把手。旋转枪把手到+10°位置。使用3 mm六角螺丝刀拧下螺丝，并将把手拉出。

（3）拉出枪室中的离子源。使用3 mm六角螺丝刀旋下中间的螺丝，慢慢地将离子源拉出离子枪。

（4）从后极靴上取下磁铁组件。一只手抓住离子源，另一只手抓住磁铁部分，轻微用力将两部分掰开。后极靴部分可以直接在高压连接器上清洁，一般采用氮气或压缩空气。如果仍有颗粒物残留，那么使用纸巾擦拭后，再用干燥空气吹干净。阳极拆卸示意图如图6.13所示。

（5）从磁铁上取下阳极罩部件，使用带有橡皮的铅笔将阳极罩和隔离环分开。

（6）将前极靴从磁铁上取下。一只手抓住磁铁部分，使用带有橡皮的铅笔将前极靴顶出。磁铁的吸力很强，注意不要让其吸附金属杂质或其他磁性材料。

（7）检查前极靴的内部及阳极罩的上端，检查是否有黑点或者烧焦的部位。对于前极靴上的黑点或烧焦痕迹，可以用1500目的砂纸去除。同样的，在阳极罩和隔离环上的烧焦痕迹也可以使用1500目砂纸去

图6.13 阳极拆卸示意图

除。但如果烧焦痕迹很深，那么需要更换新的阳极罩和隔离环。

（8）清理阳极罩和磁铁部分。使用干纸巾擦拭后，再使用干燥空气或者氮气吹干净，清理面上沉积的溅射材料。如果有比较顽固的异物，可以使用胶带去除。

（9）取下离子枪上的O形圈，在O形圈上清理并涂抹真空脂。

（10）清除枪室内的灰尘和样品碎屑。

（11）重新安装离子枪。

6.5.2.2 湿法清理离子枪

干法清理离子枪是首选的清洁方法，但当离子枪使用时间太长，干法清理无法彻底清理干净时，需要使用溶剂并配合研磨材料来进行湿法清理。需要注意的是，采取湿法清理后，真空室抽真空和氩气吹扫的时间会比干法清理大大延长，因此，在进行湿法清理时，常将挡板和工作腔内部及真空计一起清理。具体清理步骤如下。

（1）拆卸离子枪的步骤与干法相同，此处不再赘述。

（2）使用甲醇清理阳极罩和磁体上的异物，同时将离子枪上所有O形圈进行清理并涂抹真空脂，O形圈清理完成后，要使用干燥空气或氮气吹干。

（3）重新安装离子枪。

（4）清理挡板活塞。挡板活塞通过SI和SO两个阀控制。当挡板关闭时，

SI 阀打开、SO 阀关闭；当挡板打开时，SI 阀关闭、SO 阀打开。溅射材料有可能会沉积在活塞杆上，需要定期处理。如果挡板的开关速度明显下降，那么意味着活塞杆需要清理和检查。

① 用六角扳手将活塞挡板上的螺丝拧下，从腔体前方拉出挡板。

② 移除前部面板。松开 4 个螺丝，将前部面板拉出，此时活塞会被弹簧推出；清理活塞杆；检查 O 形圈，清理并涂抹真空脂；清理和润滑插口内部。

③ 重新安装所有部件。

（5）清理真空计。真空计位于设备后方。长时间使用设备后，可能会造成真空计污染，导致设备检测出的真空度并非真正的真空度，从而影响实验进程。因此，需要定期对其进行清洁。在保证设备处于全关闭状态下，直接拔下冷阴极规，用专门的螺丝刀将其螺丝拧开，用无尘布擦拭真空计表面。如污染严重，可用有机溶剂进行清洁。

（6）全部配件安装好后，打开设备电源。待设备正常启动后，在"milling"页面，将气流调为手动模式，并将左右枪的气流设置为"0.3 sccm"，目的是使设备尽快地恢复真空状态。

（7）真空度达到要求后，需要重新对离子束进行对中。

6.6　小结

通过学习本章内容，学生可以掌握如下知识点。

（1）TEM 制样技术主要有电解双喷、超薄切片、聚焦离子束和离子减薄等。其中，离子减薄技术能同时满足制备金属和非金属样品的需要，因此应用范围较为广泛。Gatan695 型精密离子减薄仪是目前使用率较高的一种设备。本章所涉及的离子减薄仪系统构成、操作方法及维护保养都是在该设备基础上展开的。

（2）用离子减薄仪制备透射样品，样品可以是粉末状、块状或薄膜样品，每种样品都有不同的制备方法。后两种状态样品的制备步骤可以归纳如下：切割—研磨—凹坑—贴环—减薄，其中凹坑和贴环要根据样品的实际状态进行选择。

（3）离子减薄的原理：利用高压对高纯氩气进行电离，形成高能量的氩离子束流，对样品表面以某一设定入射角度连续不断轰击，从而使样品表面原子受到击发而发生溅射。通过连续不断的轰击、溅射和减薄，可以制备出效果良好的薄膜样品，供 TEM 观察。

（4）使用离子减薄仪制作透射样品时，可以分为两步：第一步，大角度、高电压减薄样品至出孔；第二步，小角度、低电压修整样品薄区。第一步中的大角度通常选择 8°～10°，电压要根据样品的特性进行实际分析。对于耐分析的样品，电压可以选择 5～7 keV；对于高分析材料，电压常选择 4～5 keV。第二步中的小角度通常选择 3°～4°，而电压设置为 2.5～3.5 keV 不等。

（5）作为操作人员，要熟练掌握设备的开关机流程，在实验中要密切观察离子束流的大小和真空度的高低，若发现异常情况，要及时和设备管理人员联系。作为设备管理人员，要定期对设备进行维护保养。在实验开始前，要确保离子束对中，同时定期完成束流和气流的校正，以保证减薄效果。

第7章　材料电磁过程研究教育部 重点实验室的安全与管理

东北大学材料电磁过程研究教育部重点实验室于2000年8月经教育部批准成立，主要以材料电磁过程为研究方向，重点突出超导强磁场这一最新研究手段，围绕强磁场和电磁场下钢铁材料冶金过程、轻合金组织调控、材料微观结构设计与控制、特种材料合成等方面开展基础研究和应用基础研究。本章结合EPM实验室的特征，对其大型仪器设备安全用电及化学品的安全使用和管理进行详细分析。

7.1　EPM实验室的特征

7.1.1　人员流动性大

由于受到实验经费等现实原因的限制，一般实验室只会配备一台或几台用于完成材料性能测试的设备，因此，需要做实验的教师或学生只能采取轮流使用制度，这就导致操作实验设备的人员不确定和使用时长不确定等现象发生，不仅会增加仪器发生故障的概率，而且进一步加大了实验室的安全隐患，同时给实验室的管理带来困难。

7.1.2　拥有特殊仪器设备

材料的制备、合成、加工、性能测试，以及元素的定性定量分析等实验内容，都是实验室需要具备的功能。这些实验内容都需要专门的大型贵重仪器设备来辅助完成，如金属材料的力学性能试验机、对特定元素进行定性定量分析的扫描电镜、电子探针等。这些设备对环境的敏感度较高，在使用过程中，必须保证一定的温度和相对湿度，并要有合适的电源、水源、通风、照明等条件作为保障。另外，实验室的持续发展需要满足部分实验活动的条件，如消除有害的电场与磁场、掌控扬尘离子的数量、减弱振动的干扰等。对于实验室而言，营造出这样的环境是一个不小的挑战。

7.1.3 严峻的安全问题

相较于其他学科，材料冶金学科涉及的领域更为广泛，其中更多的是工程技术的应用。由于实验室仪器及设备（如测试材料力学性能的万能材料试验机、熔炼材料的高温炉及金属材料的加工车床等）较多，某些设备误操作容易发生安全事故。此外，每种材料化学实验用到的药品种类不同、数量较多，其中许多药物的毒性和腐蚀性也让人担忧。对这些药品的管理和存放若稍有差错，就会对教师和学生的生命财产安全造成威胁。同时，实验室常常需要使用氩气、氦气、氮气等稀有气体和氢气、一氧化碳等极具危险的气体，因而，压力容器也变成了实验室的不安全因素之一。压力瓶在使用过程中，偶尔会有一些气体被混合装在一起，由于存储不够稳定，在较高温度、较高压强的情况下，会对使用者的生命财产构成很大的威胁。这都是实验室建设过程中需要面临的挑战。

7.2 EPM实验室的管理方针

由于EPM实验室的独有特征，其在管理上也较一般实验室更加困难，因此，我们提出了一套适用于EPM实验室管理与发展的"六字方针"，即"提升、健全、优化"。

7.2.1 提升实验室建设水平

由于EPM实验室的特殊性，需要兼容众多与材料冶金有关的实验内容，因此它必然是一个集众多功能于一身的专业化、多元化的实验室，这就对实验室的设备水平和功能水平有更高的要求。实验室不仅要为有关材料的各类化学、物理、加工及检测实验提供相应的设备设施及安全保证，而且要为师生提供一个可以实现多元化服务的开放平台，所以实验室建设必须走可持续、高层次的路线，以满足实验需求。

实验室的硬件设备与软件设备是检验实验室水平的重要条件。

在实验室硬件建设方面，需要投入更多的资金购买更多先进的实验器材，把实验交流和研究探索更好地呈现在一个更为人性化、更方便的平台上。不过在采购新的实验设备之前，需要做好以下三个方面的工作。第一，充分的市场调研是重要的环节，我们必须进入市场收集整理更多的有关所需设备的各项细节信息，充分了解各类设备设施的优点、缺点、前景及各项技术指标信息，以及设备的配套装置等情况；第二，制订科学合理的购置计划，可以有效地防止盲目采购、重复采购等行为，同时要注重资金的合理节约使用；第三，由相关方面的专家进行专业的指导，分析购置设备的可行性及性价比。

在实验室软件建设方面，需要做好以下三个方面的工作。第一，要加强实验室管理，实现资源共享。定期总结各项大型设备仪器的使用情况，促进大型仪器设备的"专管共用，资源共享"。第二，要营造带有实验室特色的文化氛围，定期举办一些特色活动，让不同课题组之间的教师进行多角度的沟通交流，提升实验室的建设水平。第三，要建设良好的实验室环境，促进科研工作的进行。随着科研工作的不断深入，实验设备的利用率可以达到最大，有利于实现资源共享的目标，从而形成一种良性循环，使实验室发展和深入开展科研工作都达到事半功倍的效果。

7.2.2 健全实验室的各项管理制度

俗话说："无规矩不成方圆"，实验室想要得到稳定而持续的发展，完善的实验室管理制度是不可缺少的。为此，我们必须做到以下三点。

（1）制定合理化的实验室管理制度。为了真正发挥实验室在日常学习和科研工作中的作用，应增加设备的有效利用率，减少设备的闲置时间。同时，实验室管理人员要做好实验室仪器设备的使用预约登记工作，教师和学生在使用实验室之前，需要预约，以便于统筹安排；并在使用仪器设备之后，自觉做好对仪器设备的运行情况及使用情况的记录，以便当仪器出现故障问题时，实验室管理人员能及时处理而不影响实验的进程。因此，与之对应的另一项严谨的工作便应运而生，即实验室管理人员要做好相关仪器设备的配件及耗材的登记、管理、存储工作，从而保障实验室的持续运行。

（2）建立健全的实验室安全管理制度。其内容包括以下五个方面：第一，应当对所有安排进入实验室的学生提前进行相应的实验室安全技能培训和相关注意事项讲解，并且进行分批考核，不合格者继续学习；合格后，方可进入实验室。第二，适时邀请专家做有关实验室仪器设备使用安全规范的相关报告，增强教师与学生的安全意识。第三，聘请专业的安全管理员对实验场所进行随机检查，对不能按照规定进入实验场所的教师和学生进行相应的处理。第四，由于实验室使用后必定会产生相应的产物，无论这些实验产物是否有害，都应该分类回收，及时处理。第五，针对每台仪器设备都要有专门的安全负责人，而每名安全负责人由安全督察小组领导，最终领导权归实验室主任，从而实现实验室的安全网络化管理。

（3）建立健全实验室的考核机制，完善实验人员的考评和激励机制。构建合理的实验室责任到人机制，有利于实验室的合理管理与安全保障。可以通过制定相应的奖罚制度来激发工作人员的积极性，确保实验室可以合理安全地持续发展下去。

7.2.3　优化实验技术师资队伍

组建一支实验技术扎实的师资团队是实验室建设中不可或缺的一部分，也是实验室落实管理和教学工作不可缺少的重要组成部分，甚至在一定程度上会决定专业实验室建设的质量。拥有专业的知识、理论和实践经验的实验技术人员队伍，能够更好地解决学生在实验中提出的问题，降低仪器设备的故障率，大幅度地提高实验质量。那么，实验室就必须通过较为雄厚的资金去支持、鼓励实验室技术人员去创新、去发掘部分仪器的潜力，进而进行部分改进。这样，既能增加实验室仪器的使用率，也能为组建一支分配合理、技术更强、尽心尽力、敢于创新的师资团队做出贡献。

7.3　EPM实验室的仪器设备用电安全管理

EPM实验室作为一个综合性较强的实验室，涉及学科包括冶金、材料、新能源等方面。为了更好地方便实验室师生进行科学研究，实验室购置了很多类型的仪器设备，如电子探针、扫描电镜、电子万能材料试验机、疲劳试验机、超导强磁场、物性综合测量系统等。要让这些仪器设备安全稳定运行，就要充分考虑它们的用电安全问题。

实验室仪器设备的用电安全问题应该从两个方面考虑：一是仪器设备的日

常用电安全管理；二是为仪器设备配备相应的硬件，来保证仪器设备的供电电压的稳定性和供电电源的不间断性。第一个方面主要是要将"人"的因素排除，避免由于人为因素带来一些用电方面的安全隐患。第二个方面是要避免由于电压瞬变、瞬时停电等给仪器设备带来的不利影响。

7.3.1　仪器设备的日常用电安全管理

我们结合实验室仪器设备的特点，制定了相关仪器设备的日常用电安全管理细则，实验技术人员和进行实验的师生必须遵守如下内容。

（1）仪器设备开始使用前，应先检查电源开关、设备等是否完好。如有故障，应先排除故障，再接通电源。

（2）使用仪器设备前，要进行安全培训，充分了解仪器设备的操作规程及安全隐患。一旦发现设备有过热或其他异常状态，要立即切断电源。

（3）仪器设备不使用时，要及时关闭电源，尤其是要注意切断加热仪器设备的电源开关。

（4）每天检查电线和设备的情况，保证电线和仪器设备处于干燥状态，防止线路和设备受潮漏电。

（5）实验室内不应有裸露的电线头，不得使用花线或没有保护层的单层电缆线；箱不能遮挡电源开关，周围不准堆放易燃物。

（6）要警惕实验室内发生电火花或静电，尤其是在使用可能构成爆炸混合物的气体时，更需注意。如遇电线走火，切勿用水或导电的泡沫灭火器灭火，应切断电源，用沙或二氧化碳、干粉灭火器灭火。

（7）当发现有人触电时，应立即切断电源或用绝缘物体将电线与人体分离，再实施抢救。

7.3.2　仪器设备的用电保护系统

供电电压不稳定或者出现瞬时停电的情况，都会对仪器设备造成不小的影响，从而增加仪器设备的故障率，降低其使用寿命，增加经济损失，也在一定程度上增加了仪器设备的用电安全隐患。为了解决这方面的问题，可以采取以下措施。

（1）在仪器设备与市电之间加入一套由静态转换开关（STS）、交流稳压器和不间断电源（UPS）组成的保护系统。当供电正常时，静态转换开关会将仪器设备与交流稳压器相连，确保设备的稳定运行；当供电不正常或是突然断电时，静态转换开关会在极短的时间内将不间断电源接入大型仪器设备端，从而给实验室管理人员足够的缓冲时间，可以继续进行部分实验或对仪器设备进行妥善可靠的处理。

（2）在仪器设备与市电之间加入一套断电保护器。当供电正常时，大型仪器设备稳定运行；当电压不稳定或是突然断电且在短时间内来电时，必须重新激活断电保护器，避免在短时间内实验设备出现不正常的自动重启情况。

7.4　EPM实验室危险化学品的安全与管理

EPM实验室的危险化学品主要分为以下三种情况：一是化学药品，如浓酸、强碱、丙酮、无水乙醇等；二是为满足实验条件而必备的化学品，如液氮等；三是各种气瓶，有氩气瓶、氮气瓶、氦气瓶、氩甲烷瓶、氧气瓶等。为了避免因对这些危险化学品不了解而操作不当，或因存储位置或存储条件不符合要求引起安全事故，EPM实验室应根据所使用危险化学品的性质和形态差异，对不同的危险化学品制定详细的操作流程，同时按照其挥发性、氧化还原性、毒性、危险性等不同特点进行分类/分区安全存放，并且明确规定温湿度、排风、震动等具体储存条件。

7.4.1　化学药品的使用和管理

（1）化学药品的使用要严格遵守实验室的规定，所有化学药品均由专人管理，存放在固定的化学药品室。化学药品要建立对应的药品台账，危险易制爆易制毒药品须由专人进行申请购买，同时要有严格的使用监督和管理机制，及时进行核销。

（2）特殊的化学药品要进行特殊的存放。例如，镁粉遇水易发生反应放出氢气和大量热量，从而引起燃爆，因此要求密封包装，其储存房间应干燥、通风良好且温度不能过高，并与氧化剂等分开存放；毒性化学药品特别是剧毒化学药品须锁在专用的毒品柜里；易燃易爆化学药品须单独存放在阴凉通风的区域；需低温保存的挥发性化学药品要存放在防爆冰箱里，不能使用普通冰箱存放；等等。

（3）EPM实验室为危险化学药品存储室配置了相应的监控系统、防护装置及报警装置，安装了良好的通风装置，可以有效地避免有毒和易燃气体的长期积聚，同时存储室内配置了种类齐全的消防器材，可以在火灾发生的第一时间进行紧急处理。

（4）在申请使用化学药品时，须由指导教师在申请记录单上签字，使用者须在穿戴好防护物品后，再领用化学药品；之后，要针对所领用的化学药品的种类接受相关的安全培训，在完全了解化学药品的各项性能及发生危险后的应急处理措施后，可以进行实验。实验过程中，要严格遵守防护规程，禁止在实验过程中饮食、用眼等；同时，在使用完化学药品后，要及时洗手。

（5）在处理废弃物时，要严格遵守实验室的各项规定。对在实验过程中产生的有机、无机、酸碱、盐等废液及固体废物，要进行科学归类。例如，废弃物属于毒害类化学试剂，要依照毒害废弃物处理规定密封后存放于指定地点，待统一回收，避免因危险废弃物处理不当而引起实验室安全事故。

7.4.2　液氮的使用和管理

钨灯丝扫描电镜能谱仪在对样品进行点分析时，需要用到液氮。液氮本身不易燃，但是具有窒息性，如果皮肤直接接触液氮，可能造成冻伤。因此，在使用液氮时，需要注意以下六点。

（1）操作人员必须经过专门培训，严格遵守操作规程，在使用前佩戴防寒手套和长袖工作服。

（2）液氮必须使用专业液氮存储罐存储，不允许在正常使用情况下用别的容器盛放，同时液氮罐要放置于阴凉、通风的指定区域，环境温度要适宜，防止液氮快速挥发。

（3）液氮罐在运输和使用过程中要固定好，以防震动和倒翻。如果在使用过程中出现液氮泄漏或者溅出的现象，要远离泄漏区，等泄漏或溅出液体挥发完，再进行下一步操作。

（4）液氮使用完后，要将液氮罐自身携带的罐塞盖好，无须另外的密封措施。

（5）如果在液氮使用过程中发生大量泄漏，导致操作人员出现缺氧昏迷的情况，要及时将昏迷人员移至空气清新处；若该人员已停止呼吸，要立即采取人工呼吸并寻求医治。

（6）在使用过程中，若皮肤接触液氮，要立即脱掉冻伤部位的衣物，将受伤部位放在不超过40 ℃的温水中浸泡，并及时就医。

7.4.3 不同气瓶的使用和管理

EPM实验室的气体主要有氢气、氧气、氩甲烷混合气体及氮气、氩气、氦气等保护气体等。下面将针对气体气瓶的使用原则、存储原则及对可燃气体的一些特殊要求展开详细的说明。

7.4.3.1 气体气瓶的使用原则

（1）在气瓶的瓶身上，会有钢印打出的气体及气瓶的相关信息，不得擅自更改气瓶的钢印。

（2）禁止敲打、碰撞气瓶。在气瓶投入使用后，不得对瓶体进行挖补、焊接修理等，禁止在气瓶上进行电焊引弧。

（3）瓶内气体不得用尽，必须留有剩余压力，压缩气体气瓶的剩余压力应不小于0.05 MPa。

（4）气瓶减压阀要分类专用，安装时，螺扣要旋紧，防止泄漏；开、关减压阀和总阀时，动作必须缓慢；使用时，应先旋动总阀，后开减压阀；用完后，先关闭总阀，放尽余气后，再关闭减压阀。切不可只关减压阀而不关总阀。

（5）开启或关闭瓶阀时，应用手或专业扳手，不准使用其他工具，以防损坏阀件。装有手轮的额阀件不能使用扳手。如果阀门损坏，应将气瓶隔离并及时维修。

（6）发现气瓶漏气时，应立即停止实验。首先，应根据气体性质做好相应的人体保护，在保证安全的前提下，关闭瓶阀；如果瓶阀失控或漏点不在瓶阀上，应采取相应的紧急处理措施。其次，在完全排除隐患前，不准点火，不准开启电器设备，不得接打电话。

（7）在检查气体泄漏处时，应先开窗、通风，使室内换入新鲜空气，穿戴好防护设施后，可用肥皂水或洗涤剂涂于接头处或可疑处，也可用气密测漏仪等设备进行检查，严禁用火试漏。

（8）一般气体的气瓶每三年检验一次；如在使用过程中发现有严重腐蚀或严重损伤的，应提前进行检验。

7.4.3.2　气体气瓶的存储原则

（1）所有气体气瓶均应分类、分处保管，直立放置时，应用栏杆或支架固定稳妥；同时气体气瓶应放置在通风、远离热源、避免暴晒和强烈震动的地方。

（2）在搬运气体气瓶时，必须安装好防震垫圈，并将安全帽旋紧。

（3）互相接触后可引起燃烧、爆炸的气体气瓶（如氢气瓶和氧气瓶）既不能同存一处，也不能与其他易燃易爆物品混合存放。

（4）气体气瓶应在通风良好的场所使用，如果在通风条件较差或者狭窄的场地里使用气瓶，应采取相应的安全措施，以防止出现氧气不足或危险气体浓度加大的现象。可采取的安全措施主要包括强制通风、氧气检测和气体检测等。

（5）气体气瓶及附件要保持清洁、干燥，防止沾染腐蚀性介质、灰尘等。

（6）当气体气瓶有缺陷、安全附件不全或已损坏，不能保证安全使用时，应立即停止使用，并联系气体供应商收回。

7.4.3.3　可燃气体气瓶的要求

（1）氢气瓶。氢气具有密度小、扩散速度快的特点，并且易泄漏、易与其他气体混合引起自燃自爆等。因此，氢气瓶应单独存放，最好放置在室外专用的气瓶室内，以确保安全。同时，实验室内严禁烟火，不使用时应旋紧气瓶总阀。氢气瓶应保留 2 MPa 的残余压力，以防重新充气时发生危险。

（2）氧气瓶。由于氧气是强烈的助燃气体，因此禁止其与油类接触，并绝对避免让其他可燃气体混入氧气瓶；禁止用盛其他可燃性气体的气瓶来充灌氧气；禁止将氧气瓶放于阳光暴晒的地方；操作人员不能穿戴沾有各种油脂或易感应产生静电的服装、手套进行操作，以免引起燃烧或爆炸。

（3）其他可燃气体气瓶。可燃气体气瓶的阀出口必须配置专用的减压器或回火防止器。使用减压器时，必须带有加紧装置并与瓶阀结合；正常使用时，可燃气体的放气压降不得超过 0.1 MPa/h。如需较大流量时，应采用多只可燃气体气瓶汇流供气。另外，可燃气体气瓶与明火的距离应大于 10 m，且气瓶的残余压力应为 0.2 ~ 0.3 MPa（2 ~ 3 kg/cm²）。

（4）其他注意事项。当可燃气体的管道着火时，应立即关闭通向漏气处的开关或阀门，切断气源，然后用湿布或灭火毯覆盖，以扑灭火焰。

7.5　小结

通过学习本章内容，学生可以认识到EPM实验室是一个多种学科交叉的综合性实验室，其涉及的学科有冶金、材料、新能源、热能等方面。因此，想要实验室得到全方位的发展，必须从硬件和软件两个方面采取措施，同时提高"设备的竞争性"和"人的竞争力"，满足实验室的教学需求，从而培育更多的高科技人才。同时，实验室要将"提升、健全、优化"六字方针当作建设目标，将金属电磁材料作为主要的发展对象，形成一个具有独立特色的综合性重点实验室。

当然，实验室发展的前提是要保证各方面安全，既有人的安全，也有设备的安全。因此，本章结合EPM实验室的特点，就大型仪器设备的用电安全及实验室现有的各类化学品的保管、使用及废液回收，都给出详细的注意事项和解决方针，切实有效地保证实验室师生的生命和财产安全。

参考文献

［1］ 杨俊峰.电子万能试验机的设计研究与应用［D］.杭州:浙江大学,2021.

［2］ 邓其源.静态试验机技术的现状和发展及物理测试前沿技术在其中的应用(续)［J］.理化检验–物理分册,2010,46(4):243-250.

［3］ 李春明.试验机行业发展概述［J］.机械工业标准化与质量,2010(2):16-19.

［4］ 王宝军.电子万能试验机的发展［J］.试验技术与试验机,1984(4):1-9.

［5］ 肖珍芳,李浩锋,罗建明,等.差式扫描量热仪的原理与应用［J］.中国石油和化工标准与质量,2018,38(19):131-132.

［6］ 李承花,张奕,左琴华,等.差式扫描量热仪的原理与应用［J］.分析仪器,2015(4):88-94.

［7］ 郑亮,刘玉峰,刘杨,等.高温合金差示扫描量热分析(DSC)的影响因素研究:合金状态和升/降温速率［J］.稀有金属材料与工程,2019,48(6):1944-1953.

［8］ 郑亮,许文勇,刘娜,等.高温合金差示扫描量热分析(DSC)的影响因素研究:升降温速率和取样部位［J］.稀有金属材料与工程,2018,47(2):530-537.

［9］ 王操,王丽萍,屈玉石,等.铝合金差示扫描量热分析(DSC)的影响因素研究［J］.铝加工,2020(3):24-26.

［10］ 刘鹏,魏建忠,王国红,等.CK40M型倒置式金相显微镜［J］.现代仪器,2004,10(1):40-41.

［11］ 李风,靳兰芬,于黎佳.金相显微镜与计算机图形处理技术［J］.理化检验–物理分册,2000(2):81-82.

［12］ 郭可信.金相史话(1):金相学的兴起［J］.材料科学与工程,2000(4):2-9.

［13］ 杨永胜,张长敏.金相组织图像的数字处理技术[J].内蒙古电力技术,2000(2):17-18.

［14］ 李慧,刘建华,杨猛,等.使用数码金相显微镜拍摄高质量金相照片的技术要点[J].理化检验–物理分册,2019,55(5):321-325.

［15］ 韩顺昌.现代金相学与材料科学和工程[J].材料开发与应用,1986(5):32-40.

［16］ 梁志德,王福.现代物理测试技术[M].北京:冶金工业出版社,2003.

［17］ 杨玉林,范瑞清,张立珠,等.材料测试技术与分析方法[M].哈尔滨:哈尔滨工业大学出版社,2014.

［18］ 王志秀,杨兵超,易文才.ZEISS Sigma 500热场发射扫描电镜操作技巧及日常维护[J].分析仪器,2020(1):100-105.

［19］ 白菊丽,肖林,薛祥义.锆及锆合金金相及扫描电镜分析样品的制备[J].理化检验–物理分册,1998(3):22-25.

［20］ 陆海通,许乾慰.环境扫描电镜工作原理及应用[J].上海塑料,2019(3):1-7.

［21］ 陈茜,李少杰,丛铁,等.基于扫描电镜表征膜截面样品的制样技巧[J].电子显微学报,2022,41(2):194-198.

［22］ 翁寿松.日立的场发射扫描电镜[J].电子工业专用设备,1993(1):30-33.

［23］ 余凌竹,鲁建.扫描电镜的基本原理及应用[J].实验科学与技术,2019,17(5):85-93.

［24］ 秦玉娇.扫描电镜原理及样品制备[J].科技与创新,2020(24):34-35.

［25］ 冯文博,向小龙.扫描电镜在钢中夹杂物分析研究中的应用[J].山西冶金,2022,45(6):36-38.

［26］ 武开业.扫描电子显微镜原理及特点[J].科技信息,2010(29):107.

［27］ 寇沙沙,李智丽,靳燕.扫描电镜在金属材料检测中的应用[J].包钢科技,2016,42(1):42-46.

［28］ 任海波,翁怀鹏,陶思琦.扫描电镜在纳米材料分析研究中的应用[J].仪表技术,2022(6):23-27.

［29］ 张方,黄伟,黄帅.扫描电镜在硬质合金研究和生产中的应用[J].粉末冶金技术,2011,29(6):448-451.

［30］ 龚沿东.电子探针(EPMA)简介[J].电子显微学报,2010,29(6):578-580.

［31］ 胡晓洪.电子探针 X-射线微区分析的原理及其应用［J］.陶瓷研究,1991
      （1）:48-52.

［32］ 宫世明,何富香.电子探针 X 射线显微分析及其应用［J］.理化检验通讯-
      物理分册,1978（3）:21-32.

［33］ 李明辉,郜鲜辉,吴金金,等.电子探针波谱仪和能谱仪在材料分析中的应
      用及对比［J］.电子显微学报,2020,39（2）:218-223.

［34］ 于凤云,刘晓英,李春艳.电子探针定量分析影响因素浅析［J］.科技与创
      新,2021（21）:101-104.

［35］ 张迪,陈意,毛骞,等.电子探针分析技术进展及面临的挑战［J］.岩石学
      报,2019,35（1）:261-274.

［36］ 陈意,张迪,贾丽辉,等.电子探针分析技术进展及应用［C］//中国矿物岩
      石地球化学学会.中国矿物岩石地球化学学会第17届学术年会论文摘要
      集,2019:1050.

［37］ 杨业智,朱绫,刘涛.电子探针分析微粒样品的校正方法［J］.电子显微学
      报,1989（2）:59-66.

［38］ 李小犁.电子探针分析微量元素的结果评估［C］//中国矿物岩石地球化学
      学会.中国矿物岩石地球化学学会第17届学术年会论文摘要集,2019:
      1029-1030.

［39］ 陈捷,柴京鹤,潘子昂,等.电子探针微区定量分析及 ZAF 校正程序［J］.硅
      酸盐通报,1984（3）:56-65.

［40］ 李香庭.电子探针显微分析［J］.硅酸盐通报,1980（4）:61-71.

［41］ 韩咏.LBS-2 型离子减薄仪常见故障排除与维护［J］.实验技术与管理,
      1996（3）:67-68.

［42］ 王凤莲,李莹.TEM 薄膜样品制备中的几点经验［J］.电子显微学报,2004
      （4）:511.

［43］ 马秀梅,尤力平.薄膜材料透射电镜截面样品的简单制备方法［J］.电子显
      微学报,2015,34（4）:359-362.

［44］ 王连伟,王四根,冯惠平.金属粉末制备透射电镜薄膜样品的方法［J］.物
      理测试,1999（3）:24-25.

［45］ 白红日,汪浩,梁銮凝,等.金属透射样品的制备和高分辨表征［J］.中南大
      学学报（自然科学版）,2020,51（11）:3169-3177.

[46] 王小曼,梁正,卢思.精研一体机结合离子减薄仪制备透射电镜截面样品[J].电子显微学报,2021,40(6):753-757.

[47] 陈小平,邓小娟.钼金属在离子减薄制样仪样品夹具材料中的应用[J].分析测试技术与仪器,2020,26(2):95-100.

[48] 马淑波.透射电子显微镜样品制备技术(一):薄膜样品制备技术[J].物理测试,1995(1):42-45.

[49] 杨倩,黄宛真,郑遗凡,等.一种制备透射电镜截面样品的新方法[J].理化检验-物理分册,2012,48(2):91-94.

[50] 王莹,袁园,刘俊秀.高校实验室建设与管理的思考[J].实验技术与管理,2017,34(3):246-248.

[51] 杨威,尚海茹,冯国奇,等.高校开放实验室建设与管理体制探究[J].实验技术与管理,2016,33(3):255-257.

[52] 张占新,胡鸿奎,王汝政.基于学生创新能力培养的物理实验室建设研究[J].实验室科学,2016,19(1):197-199.

[53] 屈媛,刘颐,左小华.基于转型发展高校材料类专业实验室开放模式的探索[J].教育教学论坛,2017(46):254-255.

[54] 郭玉波.应用技术型本科高校材料科学与工程专业实验室建设与管理研究[J].中国教育技术装备,2018(6):31-33.

[55] 倪春林,董先明,杨乐敏.农业院校化学类开放实验室建设和管理模式的探索与实践[J].实验室科学,2013,16(2):130-133.

[56] 丁红瑞.刍议高校实验室建设与管理[J].实验室科学,2014,17(1):156-158.

[57] 夏咏梅,卢雅琳.材料成型专业实验教学改革和创新[J].高校实验室工作研究,2017(1):25-26.

[58] 刘波.高等院校实验室建设与管理理论研究[J].实验室科学,2015,18(1):190-192.

[59] 林玮,孙建林,毛璟红.基于普适性和特殊性的实验室安全教育研究[J].实验技术与管理,2017,34(10):252-254.

[60] 冯寿淳.化学化工实验室安全管理与安全教育[J].实验室科学,2014,17(3):196-198.

[61] 潘越,吴林根.生物类实验室安全管理探索[J].实验室科学,2016,19(3):

218-220.

[62] 汪敏娟,仲盛来,刘丽芳.高校实验室安全管理中软环境作用机制的探索[J].广东化工,2018,45(2):211-212.

[63] 高峰.高校实验室文化建设问题的探讨[J].实验室科学,2012,15(2):128-129.

[64] 吴斌,朱娅加.开放式实验室实验考核准入制度研究与探索[J].实验室科学,2016,19(1):222-224.

[65] 张小蒙,金鑫,何畔,等.高校国家重点实验室的管理机制探究[J].实验室科学,2015,18(3):161-163,167.

[66] 余芳,杨芮,余欢,等.高校化学科研实验室安全管理浅析[J].山东化工,2022,51(24):184-186.

[67] 魏春城.高校材料学科实验室安全管理工作研究[J].山东化工,2019,48(21):202,204.

[68] 刘海峰,曾晖,王义珍,等.高校本科教学实验室危化品源控制方法的探究[J].广州化工,2021,49(5):200-202.

[69] 林晓霞,管航敏,赵志伟,等.高校材料类科研实验室安全管理探讨与实践[J].高教学刊,2021,7(24):144-147.